大都會文化
METROPOLITAN CULTURE

大都會文化
METROPOLITAN CULTURE

⚠女人必讀
男人可以偷看

別再說妳不懂車
男人不教的Know-How

布莉琪・卡翠兒 (Bridget Kachur) ◎著
吳冠昀◎譯

中華賓士汽車 廠長
張金龍 審定

黑心修車廠最害怕的一件事......就是本書出版了！

序

在我還不是很懂事的時候，爸爸喜歡修車，家裡總是會有一兩輛破舊車停在車庫前等著修理。就我而言，在廚房裡陪著媽媽並無法引起我的樂趣，我喜歡陪著父親修車，幫他遞上鉗子、螺絲起子，漸漸地把我的手弄髒，接著我會和爸爸一起靠近引擎前，嚐試著要知道那神秘、奧妙、糾結在一起，但爸爸卻看得懂的美麗機械。過了一陣子，我學會了使用工具，對於自己所看到的這些東西漸漸地有概念。終於，我可以換排氣管、水箱管、避震器、水幫浦和機油，車子有任何疑難雜症都可以交給我解決。

動手做的經驗讓我獲得了極大的樂趣，以致於最後走進汽車生涯。目前我仍持續修車工作，但是為別人修，而不是為自己修。教導如何修車是自然而然的，有一短暫時間我甚至在從事賣車的工作。我現在集中精神在寫有關修車方面的書籍，有時也會抽空到引擎蓋下看看。寫作讓我接觸到廣大群衆，重要的是我想讓所有駕駛人知道他們有能力處理他們自己的車。

我所居住的地區均是有車階級，從小，父親根本不用擔心他所修的車會賣不掉，每當他一修完，馬上就有人買。「賣了！」父親說著，接著他就和新買主握手道賀，如此一筆交易就完成了，一直到現在仍是如此。當某個幸運兒開著你夢想的車經過時，你能不羨慕他嗎？喜愛古董車的人逐漸增加；許多

車迷在經銷商試車就是為了享受駕馭樂趣；你總是可以看到一些年輕人在街上談論著他們將來想要擁有何種高級的豪華汽車

現今有大量不同品牌的車款可供選擇，開哪種車可以顯示出我們是哪種人，而為什麼我們選這輛車呢？這話題給了人們很大的思考空間。就我們所知的，買車是一種投資，不僅如此，他表達我們是什麼樣的人、生活品味如何。當我們帶小孩去打棒球、曲棍球和跳芭蕾舞時，我們希望有一輛又大又安全的車，像是*SUV*（休旅車）或是*minivan*（轎式休旅車）；而當我們需長途通勤時，則希望擁有舒適、安全和省油的車。通常一般人的第一部車是舊車，這部車能上路是靠你的意志力和高超的駕車技巧。然而，有時我們選擇了一部車只單純因為那車的顏色是自己所喜歡的。

不論你的車是哪一種，用什麼態度去處理它，都是你自的選擇。即使你並不知道螺絲長什麼樣子，也不知道它是做什麼的，你還是可以成為一個好車主。你可以說，汽車公司把你的車保養、修理得非常好。你付了錢，也滿意他們的服務，你根本就不想去了解引擎蓋裡有什麼，也不在意油尺在何處，這當然沒問題。但是，藉由這本書，你將了解車子的基本運作知識，最重要的是，你會學習到當發生警急狀況時，應當如何應變處理。

如果你有興趣學習如何自行維修和保養你的車，現在就是一個很好的機會，這本書會引導你進入一個探險的旅程，告訴如何做、何時做。一旦你進入狀況，這本書對你將是很大的幫助。

為了方便快速查詢，這本書分成六大部份：

■車內

檢查儀表板和指示燈：當你的指示燈亮了的時候該做些什麼？以及如何使用安全帶和兒童安全座椅。

■引擎室

把引擎蓋的所有機械作系統分類，讓你了解它們的配置，並如何讓它們維持在最佳狀態的建議。

■車底部

輪胎、避震器、煞車：如何讀出輪胎的胎紋、如何知道煞車和避震器磨損的狀況，並且了解如何處理。

■解決問題

提供獨到的解決方法使你了解為什麼車子會發出奇怪的聲音、味道和出現異常情形。

■駕駛時的緊急狀況

為防止各種可能發生的可怕情況，提供簡易的查詢指南，例如爆胎、電瓶沒電和遇暴風雨等。

■保持車子清潔

教你如何使車子看起像新的，可以有很好的轉賣價值等。

最後，請盡量將你從這本書上所讀到的知識應用到你的車上，對了！最後一點，要把這本寶典放在你的車上，它對你有很大幫助，可以放在儀表板上的置物箱或車門內的置物處，這樣你就可安心的上路。

親愛的駕駛們，為你們服務是我的榮幸！

目錄

Chapter 1

車內

解讀儀表板

恆溫控制

安全帶

安全氣囊

兒童安全座椅

現代車子的內部設計越來越像飛機的駕駛艙了，樣式奇怪的按鈕、隱藏式開關、閃爍燈光、數位螢幕，全都在儀表板上排開。看了幾次後，你就會漸漸地習慣這些位置：這個按鈕是大燈、那個開關是雨刷。但是，某天當你開車上街，風吹起你的秀髮，快樂又有自信奔馳的你，不經意地看了一下儀表板，突然有東西引起了你的注意，一個紅燈！這是你未曾注意過的，這時整個氣氛突然凝結了起來，「這是什麼？它亮了多久了？情況很糟糕嗎？我是不是還可以繼續開？我需要把車停到路邊嗎？引擎會不會要停了？會爆炸嗎？」

現在，你的心跳開始加快、胃緊縮、手突然冰冷，而且頭竟然痛了起來！

當然，如果你熟悉儀表板上的指示燈，了解哪裡故障，知道這些系統在引擎區的配置，你便可沉著應付。「哎呀！真是糟糕！可能需要一個新的電瓶」、「明天需要把車送去修車廠」、「需要把車停到路邊打電話叫拖吊車來拖」……雖然狀況不佳，但是無論如何，你知道你所做的決定是對的。為了拯救你的愛車和處理自身安全，自信絕對是快樂和安全駕駛的要訣。

解讀儀表板

儀表板上的指示燈告訴你引擎蓋下面發生了什麼事。當有東西壞了，指示燈就會呈現紅色，反之，不是警告，指示燈就不會呈現紅色。例如方向燈是綠色，而遠光燈通常呈現藍色。

讀指示燈很簡單，當你啓動車子時，每個紅燈應該都會快速的閃一下，大約五秒鐘，所有的紅燈應該都熄滅了，如有任何的紅燈持續亮著，表示它所代表的部位出了問題。例如，機油的燈亮著，可能是告訴你油底殼裡的機油不夠。

一般而言儀表板上會有以下的這些燈：

●檢查引擎　●電瓶或充電　●機油　●安全帶

●方向燈　●定速駕駛設定　●遠光燈　●汽油

依你的車型或車種或許會有更多的指示燈，查看你的汽車使用手冊可得知細節。

■注意刻度表

儀表板上有兩個刻度表：引擎溫度表、汽油油量表。引擎溫度表管理引擎的溫度，汽油油量表告訴你還有多少油在汽油箱裡。這些都是駕駛所需知道的訊息，無論在街道上、在高速公路，或是鄉間小路上都要注意。

車剛起動時，引擎溫度表的指針會停在藍色或白色的

「冷」區域，而當你開了一段時間，引擎慢慢熱起來，引擎溫度表的指針也會漸漸升高到一半的位置，即冷和熱（紅色）之間，這區間正是引擎溫度所應停留的位置，如果箭頭指到紅色區域，表示引擎溫度過高。

要正確的處理高溫情況要視你引擎溫度升高的速度而定。

儀表板

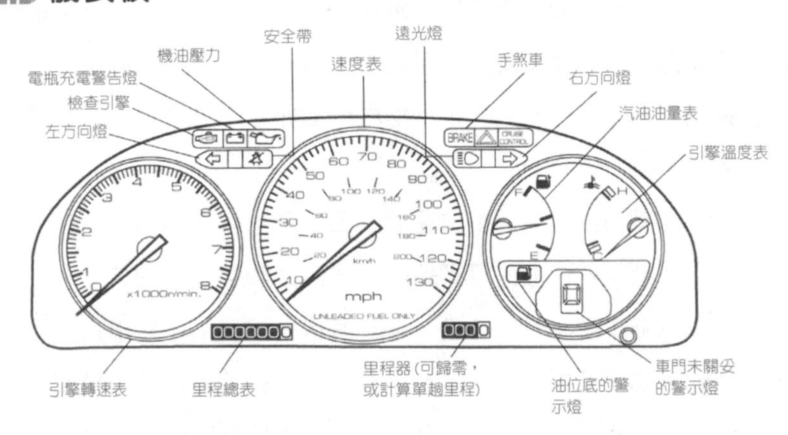

▲基本上大部分的儀表板上有引擎轉速表、速度表、汽油油量表、引擎溫度表，還有其他安全警示燈（依不同車型而定）。

車言車語

在大熱天，水箱溫度過熱是一件正常的事，特別是在走走停停的塞車時間，但是如果在正常不塞車的情形下，而車子水箱溫度卻常常過熱時，最好開去修車廠檢查一下。

如果刻度箭頭慢慢的指向高溫區，表示你的引擎沒有適當地冷卻。為了暫時解決問題，可以把暖氣開到最大，暖氣系統會把引擎的熱度釋放至車內，如此會使車內溫度變高，這個方法的確可使引擎降溫，但之後你仍要儘早將車帶到修車廠檢查。

如果刻度箭頭快速的指向高溫區，表示引擎的某部分故障了。這時要馬上把車停到路邊並熄火，打電話叫拖吊車來把你的車拖進修車場。別企圖繼續駕駛你的車，如此可能會使引擎整個完蛋，同時收到一大筆的維修費帳單，並且讓你有好幾天無車可用。

大部分的駕駛習慣去注意油量的刻度表，畢竟有一天當你向交通警察解釋你的車不是壞了，只是忘了加油的時候，一定很尷尬吧！讓油量保持在一定高度也是保養的一個重點，因為空的汽油箱會提供空間讓水氣凝結，凝結的物質持續累積在汽油中，會使你的車子無法發動，所以最好的預防措施是：每當看到汽油不足一半，就去加滿油。

■危險警示燈按鈕

儀表板上的按鈕中，有一個按鈕是用來告知其他車輛「危險」的。危險警示燈正是左右方向燈的合併使用，當你按下危險警示燈按鈕時（在儀表板上的一個三角形標示），車子前後方的方向燈會同時閃爍。

有兩種情況你可以按下危險警示燈：

車有問題的時候

當你的車不能動了，不論是停在路中央或是馬路旁，打開危險警示燈以提醒其他駕駛人。即使車子停在路旁，也不要坐在車上，盡量遠離馬路和車子，以免不專心的駕駛人撞到你。

如果你的車開得比限速還慢時，也應該按下危險警示燈。例如：爆胎了，你正慢慢前進到最近的休息站處理，休息站會有交通警察幫忙看顧，讓你可以放心換輪胎。

天氣惡劣的時候

如果你在濃霧區開車，而且你的車沒有霧燈，這時你要按下危險警示燈。它並不會使你的視線變得清楚，但是它可以使其他的駕駛注意到你的車。同樣在暴風雨或突然下著冰雹的時候都可以使用危險警示燈。切記！當視線不佳時不要開車上路，此時如果你已在路上，要把車開到最近的服務處、餐廳，或是休息區，等天氣轉好時再繼續開。

▲危險警示燈按鈕

恆溫控制

車子就像是一個可以跟著你到處奔馳的小房間。房間有窗戶，你必須保持窗戶乾淨與清晰，如此才可看清楚周遭的環境。而這房間也必須有可調節溫度的裝置，使人感覺舒適。由於這些原因，汽車設計者創造了恆溫控制裝置，這個設計雖然很偉大，但是操作和了解並不難。

恆溫控制通常有兩種：

循環車內空氣

循環車內的空氣。這個設定對幾個氣候嚴酷的月份來說十分理想，它讓暖氣保持溫暖，讓冷氣保持涼爽。它在塞車時也非常好用，避免其他車輛的廢氣進入你的車內。

▲循環車內空氣按鈕

循環車內外空氣

讓外面的空氣替換你車內的空氣。在氣溫低的時候，這個功能可避免窗戶有霧氣產生。

▲循環車內外空氣按鈕

■除霧和暖氣

在第二章裡，將讀到暖氣被引擎的冷卻系統送入車內的作用。除霧和暖氣是暖氣系統的一部份，除霧的功能是除去你車窗戶上的霧和冰珠，暖氣是用來暖和你的手和腳指頭。

為了避免損害引擎零件，最好有時間來暖車，當引擎運轉到最佳效能後，再啓動除霧或暖氣功能。當暖氣和除霧功能打開後，只需約五分鐘的時間，就可使霧消散、車內暖和。如果執行這個功能得花到更長的時間，那暖氣功能可能壞掉了。

大部份的後車窗都有橫條的除霧線，這些除霧線與儀表板上的開關結合在一起，當你按下儀表板上的除霧按鈕，電力就送到這幾條除霧線來溶化車窗外的霧或殘雪，約略經過十分鐘，後車窗的除霧線便會自動停止運作，這段時間應該已經足夠除霧。

如果霧未能除盡，可能是功能壞掉了，或是霧和殘雪太厚，別期待靠後窗除霧線可以把霧和殘雪完全溶化，走出車外，先清除掉殘雪或霧，然後再按下除霧線鈕，如此一來，窗戶才會早一點清楚，避免你一直按除霧鈕倒致損壞。

■冷氣

相較於暖氣，冷氣算是個奢侈品，在炎熱的天氣裡只要按下一個按鈕，就可以讓你暑氣全消。但是，冷氣最好還是省著用，因為太耗油了。統計指出，開冷氣比不開冷氣多了20%的用油量。

為了省油，最好在絕對需要時才開冷氣，而且最好是先開窗戶使熱氣散去後再開冷氣。

車言車語

如果你看到有霧氣由通風口出來時不用擔心，這是因為濕空氣突然遇冷，就像在很冷的天氣裡，口中呼出的氣體成了白霧一般，這情況不會持續太久，你可以打開窗戶讓霧氣出去快一點。

■車窗除霧

有時，車窗充滿霧氣會阻礙你的視線，這是因為濕熱的空氣遇到冰冷的窗戶就在玻璃上形成霧氣。當你載了一車的人，霧氣會更容易產生，因為人的體溫和吐出的二氧化碳會增加空氣的溼度。

解決的辦法不是要你叫的乘客們停止呼吸，而是應該使用除霧功能來提高窗戶的溫度，或是打開冷氣來降低溫度。兩種方法都可以使霧氣在幾分鐘內散去，如果你想要的是暖氣而不是冷氣，按下前述的「循環內外空氣」的按鈕，它可讓車裡的溼熱空氣和外面的新鮮空氣交換、取代。

由於某些原因，不乾淨的窗戶較容易凝結霧氣，為了避免你的窗戶起霧，要經常的清潔你的車窗。

安全帶

在遇到碰撞或翻車時，安全帶系統會將你固定、限制在安全的區域和座位上。如果你沒有適當繫上安全帶，即使是一個小碰撞，也可能讓你受到嚴重傷害。安全帶也可以幫助你在遇到緊急狀況時，仍然能在駕駛座上掌控情況。例如：當你緊急煞車時，有安全帶固定住，就不會被拋向前方撞上方向盤，而仍可以固定在座位上掌控方向盤。

為了得到最佳的保護，安全帶要繫正確，把肩帶繫經過鎖骨和胸前，千萬不可以繫在腋下。萬一車禍發生，安全帶繫在腋下會因帶子緊拉而使你的肋骨折斷，進而傷及心臟和肺部。下方的安全帶要繫在臀部的位置(不可放在腰上或肚子下)，當你繫好安全帶後，調整一下帶子使它貼緊身體。

每次當你清潔車子時，檢查一下安全帶的指示燈是否正常運作，當你繫上或解下安全帶時，看看指示燈是否有正確顯示。已扭曲的安全帶要轉回來、磨損的安全帶要更換，讓安全帶保持在最佳狀態。檢查安全帶的扣環，看看是否有髒東西或是食物等物體卡在裡面，因為這都會使安全帶無法正常的運作。

▲安全帶應該很舒服的貼在身上，下方皮帶應經過臀部，上方皮帶應經過鎖骨和胸前。

■駕駛姿勢

為了在撞擊時得到最大的保護，繫安全帶和調整座位、方向盤到正確位置是非常重要的，很多緊張的駕駛，特別是一些身材較嬌小的人，通常會把駕駛座拉得太靠近儀表板。拉得這麼靠近或許能讓他們較容易掌控住車子，但是，這不是正確的。事實上這樣開車更危險，如果你坐太靠近方向盤或安全氣囊的位置，即使是一個很小的碰撞也會讓你受傷。

所以，請參照下列的這些簡單指示：

1. 把座椅盡量後推到你還可以輕易踩到煞車和油門的舒適位置，你的胸腔應距離方向盤25至30公分。
2. 把座位稍微往後傾斜。
3. 把方向盤下移，使方向盤的上緣保持在你下巴的高度以下。

不正確的駕駛姿勢

正確的駕駛姿勢

▲將座椅盡量往後推，座位稍微往後傾斜，把方向盤下拉後繫上安全帶，這就是正確的駕駛姿勢。

■懷孕時安全帶的使用方法

在遇到碰撞時，孕婦不繫安全帶等於是將胎兒暴露在危險環境中。試想，萬一這孕婦被拋出車外撞上方向盤？如果妳是孕婦，繫安全帶時，要把下方的安全帶繫在臀部的位置，上方的肩帶繫在胸部之間和肚子以上的舒適部位，不要讓安全帶壓到肚子，以避免撞擊或煞車時子宮承受不當的壓力而傷及胎兒。但預產期的前三個月要盡量避免開車，因為肚子（胎兒）會太靠近方向盤。

▲孕婦要把安全腰帶繫在臀部的位置。安全肩帶要經過鎖骨、胸部和肚子以上舒適的地方，不是經過肚子。

■不要找藉口

許多人有一大堆理由不繫安全帶，但這些藉口都不合理，所以親朋好友給你任何藉口不繫安全帶時，千萬別理會。

「我是一個好駕駛，車禍不可能會發生在我身上。」這種說法是值得討論的，要知道並不是只有你一個人在路上，有許多駕駛技術差的、開車不專心的人也在路上馳騁，有時你可能很難閃過他們。安全帶不光只有保護作用，研究指出，它還可使你腰背挺直以避免疲勞。

不論我有沒有繫安全帶，這都是我自己的事。繫不繫安全帶並不是你自己的事，這是法律規定。如果你有小孩，繫上安全帶就更重要。小孩子的學習是由模仿而來，當他們看到你繫上安全帶，往後他們也就會乖乖繫上。

若車禍發生，安全帶會把我綁在車裡。如果你繫上安全帶，當車禍發生時存活率較高，這是不可否認的事實，或許你偶爾會聽到有人沒繫安全帶而被拋出車外後，卻奇蹟存活，但是，這真的只是個「奇蹟」而已。統計資料指出，如果你被拋出車外，將有比留在車內多四倍的死亡率或殘障率。

我的小孩不喜歡繫安全帶，和他們爭吵太麻煩了，不如乾脆順他們的意。如果小孩子抱怨繫上安全帶會覺得不舒服，是因為他們太小了。例如，安全肩帶磨蹭著他的脖子，這時你應該讓他坐「兒童安全座椅」才對。為了舒適和得到最大的安全保護，小朋友如不能通過接下來即將敘述的五個步驟（請看第35頁），就應讓他們使用合適的兒童安全座椅。

安全氣囊

前座備有兩個安全氣囊是目前一般車輛應有的標準配備。駕駛座的安全氣囊裝在方向盤內，前座乘客的安全氣囊裝在座位前方的置物櫃上緣。有些車甚至還有側邊的安全氣囊，它裝在座椅側邊或車門上。當車子突然停止，電子感應器告訴安全氣囊應該打開，安全氣囊就會彈出，大部分的安全氣囊在速度達到每小時200公里時會彈出，有些新車有雙速度的安全氣囊，相較於單速度的安全氣囊減低約20至30%的彈出威力，這對較身材嬌小（即160公分上下）的駕駛者來說是一項好消息。

雖然安全氣囊是一個有效果的安全裝置，但是如果你的坐姿不正確，安全氣囊很可能會造成你手臂或肋骨骨折，甚至是頭部受到重擊等等。這是為什麼要坐姿要正確的原因（請參考第12頁）。如果前座乘客位置裝有安全氣囊，也不可將兒童安全座椅裝置在前座，必須讓13歲以下的小孩都坐到後座去。

兒童安全座椅

車子是為大人的舒適和安全而設計的，所以當你帶著兒童開車時，必須為他們做一些調整，有兩點很重要必須注意：

1. 13歲以下的兒童要坐在後座。
2. 可透過五個步驟（請參考第35頁）來檢驗他們是否必須坐兒童安全座椅。

為什麼兒童得坐後座？第一，後座是較安全的位置；第二，萬一前座的安全氣囊彈開時會容易使兒童受到傷害或導致死亡。

對於年紀小的乘客而言，使用兒童安全座椅是絕對必要的，兒童需要安全座椅來保護他們直到長大到可以適用一般安全帶為止。

車言車語

當你裝上兒童專用安全座椅後，要用膝蓋壓一壓，確定椅子是否緊貼車椅背，再把繫帶綁牢。

要找到一張合適的兒童安全座椅是一件困擾的事，有太多廠牌和型號讓人不知該如何選擇，而你所需要的是適合小孩年齡和體重的，並且可以安穩地安裝在車上的那一種。

市面上有五種兒童專用安全座椅：

- 提籃式嬰兒安全座椅
- 轉換式兒童安全座椅
- 內建式兒童安全座椅
- 組合式兒童安全座椅
- 輔助安全座椅

■提籃式嬰兒安全座椅

提籃式嬰兒安全座椅適合九個月以下的嬰兒，大部分的提籃式嬰兒安全座椅可以很容易由你的車後座拿起，而且還有當嬰兒提籃的雙重功用。

先把嬰兒放在提籃上安置好之後再放到後座固定，調整繫帶，確定繫帶平順的經過嬰兒前方，調整胸前的按鈕，使其在嬰兒腋下的高度。要確定嬰兒舒適地繫好帶子，如果你的指頭可以穿過帶子與嬰兒間的縫隙就表示綁得太鬆。

把提籃式嬰兒安全座椅的正面朝向後座椅背，並放在車後座的中央，讓嬰兒向後躺45度。大部份的嬰兒安全座椅有一個可以移動的基座，這基座可以用安全帶固定住，你只要把安全座椅的嬰兒提籃放到基座上扣住即可。有些嬰兒安全座椅並沒有基座，依照你的嬰兒安全座椅使用手冊和汽車使用手冊來做正確的安裝。

當你把提籃式嬰兒安全座椅固定好、嬰兒安置好之後，把提籃的手把推到其中一邊，不要讓手把留在嬰兒的頭上方。最後，用一條毛毯蓋上嬰兒讓他保持溫暖。

如果嬰兒的頭部離安全座椅的上緣只有3公分，或是超過製造商所標示的體重範圍時，你需要換一個大一點的安全座椅。

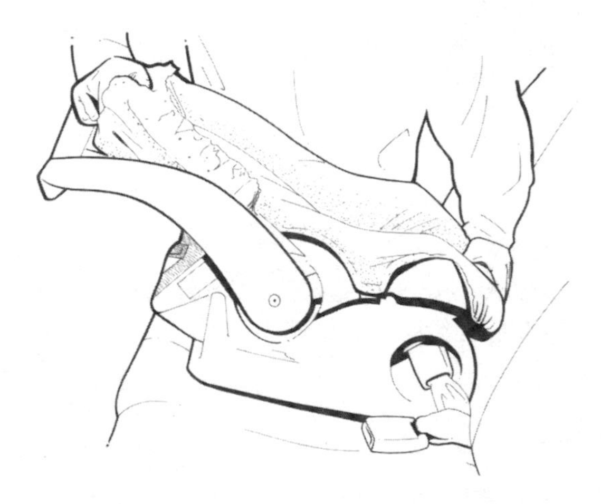

▲若你的嬰兒專用安全座椅有活動基座，可以把這基座留在車上，當你想帶著嬰兒開車時，只要把安全座椅的嬰兒提籃扣上基座就可以了。

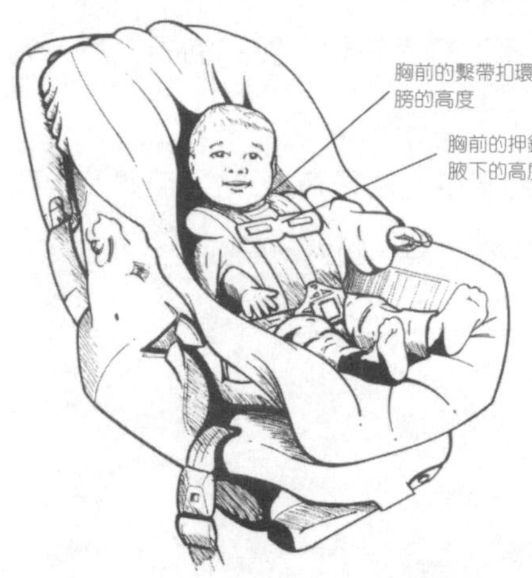

◀這個嬰兒固定在嬰兒專用安全座椅上，他很舒適地躺在上面，而且得到很適當的安全保護。大人要養成好習慣，在每次裝上嬰兒專用安全座椅時，依照檢查表逐項檢查是否裝置無誤。

提籃式嬰兒安全座椅檢查表

☐安全座椅要裝在後座，最好是中央面向椅背。

☐安全座椅是依照你嬰兒安全座椅的製造廠商，和你車子的使用手冊來做安裝。

☐安全座椅不能向前或向兩旁移動超過2.5公分。

☐胸前的繫帶扣環在嬰兒肩膀的高度。

☐胸前的押鈕在嬰兒腋下的高度。

☐確定繫帶能很舒適地繫上，而繫帶上不能掛有其他東西。

☐讓安全座椅向後斜躺45度，如此嬰兒的頭才不會往前垂下(如果安全座椅無法往後躺到足夠的角度，塞一個圓桶式紙巾在安全椅前方固定住角度)。

■轉換式兒童安全座椅

轉換式兒童安全座椅可面向前方或面向椅背放置，它是嬰兒和幼兒兩用的安全座椅。它有較低的繫帶扣鈕給嬰兒用和較高的繫帶扣鈕給幼兒用。帶子有三種設計，一種是五點式繫帶、一種是繫帶附上T型肚帶，另一種是繫帶附上餐盤。五點式繫帶最適合剛出生嬰兒使用。

轉換式兒童安全座椅必須面朝椅背坐，直到你的孩童一歲大或是達到10公斤左右，面向椅背坐比較安全，而大部分轉換式面向椅背的安全座椅可承受的重量是14公斤左右。查詢你安全座椅的使用手冊，知道它所能承受的重量是多少。當幼兒面向前坐時，把繫帶的扣鈕移到最上方。

小孩	年紀	重量範圍	座椅種類
嬰兒	出生~1歲	10公斤之內	面朝後的嬰兒專用安全座椅，或是轉換式兒童安全座椅。
幼兒	1歲以上	10~18公斤	面朝後的兒童安全座椅坐到不能坐為止，再換面朝前的兒童安全座椅或組合式兒童安全座椅。
小朋友	3歲以上	18~36公斤	加高式兒童安全座椅，或是承重量較高有繫帶的安全座椅，直到兒童通過五步驟測為止(請參考第35頁)。

轉換式安全椅的繫帶

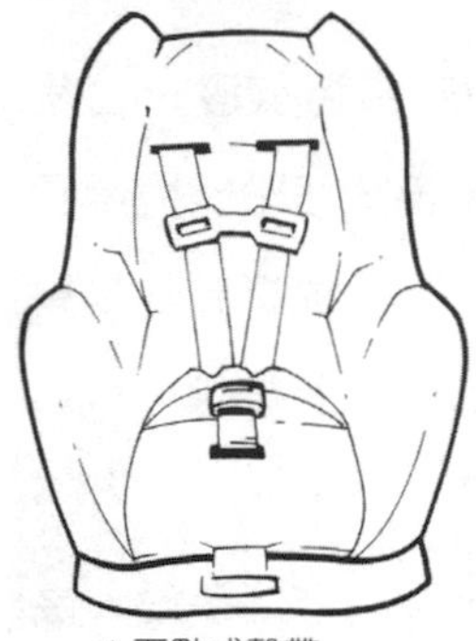

▲五點式繫帶

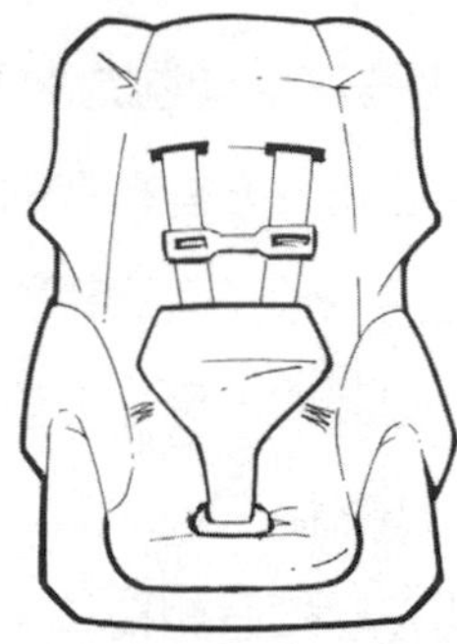

▲繫帶附上T型肚帶

▲繫帶附上餐盤

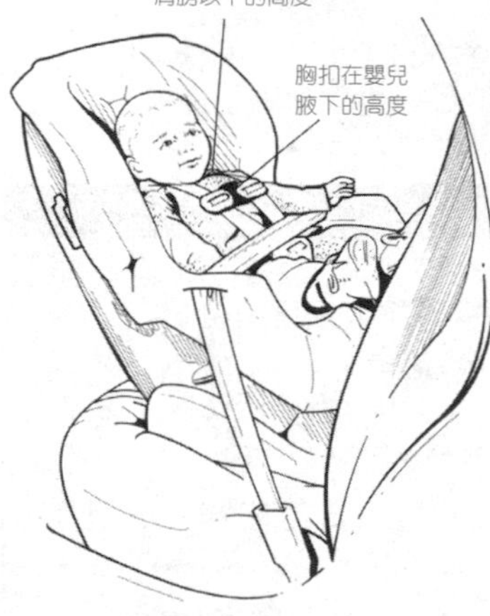

▲嬰兒坐在轉換式安全座椅上要面朝後，繫帶應該扣在嬰兒的肩膀或肩膀以下較低的扣環。

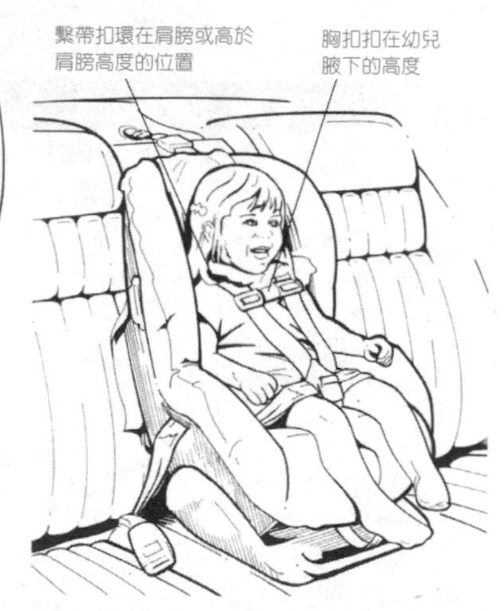

▲幼兒至少要到一歲才可面朝前方坐。繫帶應該扣在較高的扣環位置，即幼兒的肩膀或肩膀以上。

轉換式兒童安全座椅檢查表

所有孩童

□固定安全座椅在後座，最好是後座中央。

□依照嬰兒安全椅的製造廠商和你車子的使用手冊來做安裝。

□檢查扣環是否在小孩腋下的高度。

□繫帶舒適且緊貼，不可繫上其他東西。

□毛毯或小被子，要放在固定好小孩的安全座椅的上方，不可以綁在繫帶上。

嬰兒

□面朝後方坐。

□座位要向後傾斜45度，以防嬰兒的頭往前傾。

□繫帶扣環在嬰兒肩膀或低於肩膀位置。

幼兒

□幼兒至少一歲。

□幼兒的體重至少10公斤。

□面朝前方坐。

□繫帶扣環是在嬰兒肩膀或肩膀上方的位置。(若扣環是在幼兒的耳朵之上，那幼兒應當面朝後方坐。)

■內建式的兒童安全座椅

有些車子，特別是轎式休旅車（minivan）有內建式的兒童安全座椅，當你從上往下翻動後座的背板，便可看到兒童安全座椅裝置。這種兒童安全座椅非常方便，可以讓你的旅行多樣化，但是你必須確定小孩可以坐得安全且舒適。記住這類安全座椅是一歲以上的小孩，體重超過10公斤才能使用。請見下列檢查表。

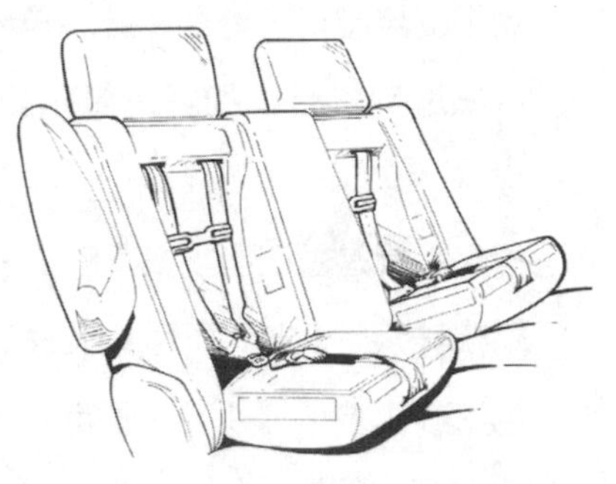

▲內建式兒童安全座椅讓你的車不會老是有一個座位被兒童安全座椅佔據。一般人想坐那個位置時，只要把它折進去椅背就行了。如果這個內建式兒童安全座椅讓小孩坐得不舒服，你可以不用它，另外買一個適合的裝上。

內建式的兒童安全座椅檢查表

□一歲以上的幼兒才可以坐。

□體重要超過10公斤，但要在車子製造商所規定的重量內，請查看汽車使用手冊。

□繫帶的扣環是在幼兒的肩膀或比肩膀高的地方。

□胸前的押鈕是在嬰兒腋下的高度。

□繫帶舒適且緊貼，不可繫上其他東西。

■組合式兒童安全座椅

組合式兒童安全座椅面向前方坐，而且有一個可移動的帶子，這種組合式兒童安全座椅也稱作附安全帶的輔助安全座椅。如果你的小孩超過三歲，而安全帶已經繫不上時，可以把安全帶拆掉，當作輔助安全座椅，配合車上的安全帶一起使用。如果你的小孩太高或太重不適合組合式兒童安全座椅，但卻未滿三歲，那就必須作其他的選擇。

◀組合式兒童安全座椅可使用它的繫帶，或是使用車上座椅的安全帶。

組合式兒童安全座椅檢查表

□這種安全椅要一歲以上且在安全座椅製造商所規定重量內的幼兒才可以乘坐。

□座位設置在後座且面向前方坐。

□座位設置要依照安全座椅製造商和你的汽車使用手冊來裝置。

□繫帶的扣鈕是在幼兒的肩膀或比肩膀高的地方。

□胸前的押鈕維持在嬰兒腋下的高度。

□繫帶舒適且緊貼不可繫上其他雜物。

■輔助安全座椅

輔助安全座椅提高兒童的乘坐高度，使安全帶可以通過兒童的胸部和臀部。輔助安全座椅是介於兒童安全座椅和車內座椅間的過度性座椅。

輔助安全座椅適合三歲以上，以及大到無法繫上安全座椅上的帶子的兒童們。這種座椅有兩種類型：

1.無背輔助安全座椅

提高座椅的高度，使兒童可以舒適地繫上成人安全帶。

2.高背輔助安全座椅

可適用在車椅背較低或無頭枕的車內。如果小孩的耳朵超過車椅背的最上方，就必須要使用這種高背輔助安全座椅，這種安全座椅可以支撐兒童的頭和保護兒童的頸部。

▲無背加高式兒童安全座椅可提高兒童座椅的高度，所以安全帶可以適當的經過他的胸部和臀部。

▲如果小孩的耳朵超過車椅背的最上方，就必須要使用高背式兒童安全椅，當你緊急煞車時這種安全椅可以支撐他的頭部和保護他的頸部。

■五步驟測試

你知道約四歲到八歲的小朋友需要坐輔助安全座椅嗎？如果你的小孩在這個年齡間，但是並沒有使用輔助安全座椅，就請回答以下問題看看是否能通過測試。以下的這五個問題是由美國安全帶安全機構SafetyBeltSafe U.S.A.(www.carseat.org)所設計的，最好把這五步驟記住，並帶進車內。

1.小孩的背有沒有靠到後座的椅背？

2.小孩的膝蓋可以很自然的在座椅上垂下來嗎？

3.安全帶可以經過小孩的肩膀，並通過脖子和手臂之間嗎？

4.下方的安全帶是否低到可以通過小孩的臀部？

5.小孩在整個旅程中，可以像上述般安分地坐著嗎？

輔助兒童安全椅

□小孩至少要三歲。

□依照安全座椅製造商和汽車使用手冊來安置。

□若小孩的耳朵超過車椅背的最上方，就必須使用高背輔助式兒童安全座椅。

□下方的安全帶須經過小孩的臀部。

□上方安全帶要能經過小孩的鎖骨和胸前。

如果有任何一項的答案是否定的，你就需要一個輔助安全座椅來確保安全。你會發現你的小孩喜歡它，因為它坐起來比較舒服。

■LATCH / ISOFIX革命（掛勾式革命）

兒童安全座椅有許多不同的設計，安全帶系統在房車或是卡車上也有各種不同的配置方式，把安全座椅和座車合在一起常是個難題。研究指出，有95%的兒童安全座椅遭錯誤使用，多數的理由都歸咎於很難把它正確安裝。

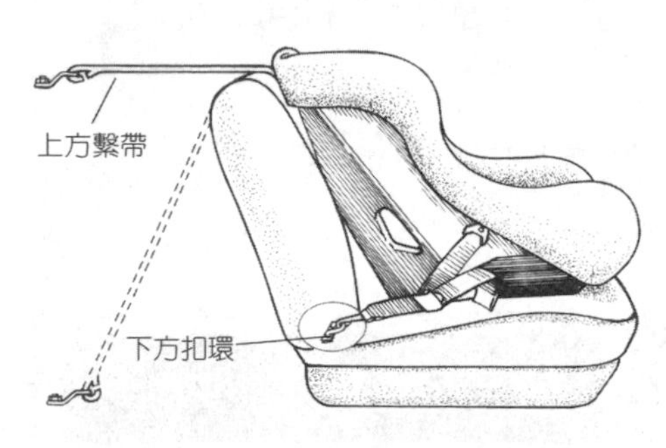

▲LATCH/ISOFIX（掛勾式）系統的安全座椅安裝簡單，可以避免安全座錯誤安裝。

目前，兒童安全座椅的改革正在進行。兒童安全座椅和汽車的製造商，正與世界各國的經銷商和政府討論如何使兒童安全座椅的安裝標準化。2002年起，房車的設計至少有兩個座位，提供給兒童安全座椅使用的兩個低處勾環和一個高處勾環。這使兒童安全座椅的固定不再需倚賴車內的安全帶系統，這三個固定在車裡的勾環大都能配合新出產兒童安全座椅的帶子。

在美國，這種新式的三掛式系統稱為LATCH(Lower Anchors and Tethers for CHildren)，在加拿大和歐洲是叫做ISOFIX(Lower Anchors and Tethers for Children)。雖然這兩者的設計有些許的不同，但是它們的理念卻是一樣的，即以固定兒童安全座椅為訴求而在車上設置固定勾環，讓你輕易地在後座安裝兒童安全座椅。

這種三掛式兒童安全座椅包含了一條上方的帶子和兩條下方的帶子。上方的帶子固定住座椅的上半部，這勾環在一般房車的後方，轎式休旅車（minivan）、休旅車（SUV）和小貨車，而其他車種則在車底或天花板上。下方的兩條帶子扣下方的扣環，這勾環通常在後座的椅背和座椅之間。

安置兒童安全座椅到新車上是很容易的事，只要把三條帶子扣到車內的三個環扣，扣上之後試著用膝蓋壓一壓，確定安全座椅緊貼椅背後即可。

新的 LATCH / ISOFIX並沒有使用車上的安全帶系統，然而，這並不表示使用安全帶的安全座椅不安全。二者都是一樣的安全，只是新的設計提供了較容易安裝的方法。

■查詢是否有被勒令回收

雖然兒童安全座椅的廠商有嚴格測試座椅的安全性，但還是會有部分設計上缺失，而且直到該款設計已賣了數百或數千個才被發現。像這樣的例子，政府通常會勒令製造商做回收的動作。

當然這些廠商不一定會通知你回收，你得自己注意是否買了這樣的座椅，這就是為什麼要寄出回函卡的重要原因。

可以去查詢你的兒童安全座椅是否有被勒令回收的消息，美國國家高速公路安全機構The U.S. National Highway Traffic Safety Administration(www.nhtsa.gov)有提供回收兒童安全座椅的最新資料，美國安全帶安全機構SafetyBeltSafe U.S.A.(www.carseat.org)也提供了有問題但還沒有被勒令回收的產品資料，他們的網頁也會告訴你廠商是否有可替換的零件。

Chapter 2

引擎室

打開引擎蓋
在開始之前
引擎
燃料系統
電力系統
傳動系統
冷卻系統
機油
皮帶和管子
液體儲存槽
引擎電氣系統
廢氣控制系統
雨刷

想擁有一台讓你暢行無阻的好車，節省維修費的確是讓你想要了解引擎蓋內部世界的重要因素。即使你並不想多了解，也不願弄髒你的手，但是你還是要知道如何檢查機油、哪一個孔應該倒雨刷水進去，為什麼每當車子發不動時，常懷疑是傳動系統有問題。

引擎在你所有擁的這款車型中是獨一無二的，它看起來可能和其他車款的引擎有些許不同，和這本書所描繪的引擎也不同，但整體而言，你會發現其實都大同小異。本書最重要的不是了解別人的引擎，或是讀熟書中所描繪的引擎，而是要摸透你愛車的引擎蓋下有什麼。

拿著這本書走到車庫前，打開你的引擎蓋開始熟悉你所讀到的知識，因為沒有其他更好的方法讓你了解引擎的傳動裝置和齒輪是如何聯手運作使引擎轉動順暢，以及如何辨別是否需要修理或更換零件。最重要的是，你將學會怎麼動手做一些簡單的保養工作，使良好車況延續多年。當然，你不可能在一天之內成為一位修車專家，但你會有信心修補、加滿、擦拭某些部位，知道哪裡可以自己修、哪些地方可以讓修車廠修。你的機械知識和維修技巧將會逐漸進步，而最寶貴的是激發起了你在這方面的自信。當你明瞭了引擎蓋下的世界，就沒有理由讓你害怕遇到麻煩，這就是本章所要達成的目的。

打開引擎蓋

「你知道哪裡可以打開引擎蓋嗎？」這問題對你來說可能相當愚蠢，但是如果你不知道，請拿出你的使用手冊檢查一下打開引擎蓋的拉桿在哪裡，拉桿通常印有引擎蓋打開的車型，一般是在儀表板的下方、駕駛座的左方，當你一拉板手，引擎蓋的鎖就開了，接著引擎蓋會輕彈出一個細縫。

走到車前方，將手指伸進去引擎蓋前的縫隙下，摸摸看有沒有一個可鬆開的手把，這個手把通常在引擎蓋的中央，把它往上或往你的方向推即可鬆開，然後就可以把引擎蓋掀開了。

有些引擎蓋打開後不需要支撐，但很多仍需要支架撐住，這支架通常在靠近車頭的位置上。如果不確定引擎蓋需不需要支架，最好查一下使用手冊，千萬不要把頭伸進去後被引擎蓋打到才發覺。如果必須用支架支撐，先由鐵架上取出支架，再察看下方哪一個洞是支撐點，一般上面都會註明。

多練習打開引擎蓋直到熟悉為止，避免不時之需。試想，某天在濕冷的雨中你急著打開引擎蓋查看不明蒸氣時的尷尬窘境。

有些車的引擎蓋是可以直接由外部打開而並沒有車內的拉桿裝置。如果你的車是這樣子的，最好為它買個鎖，避免引擎遭竊或是被人破壞防盜系統，這類鎖不貴，可以在一般的汽車用品店買到。

引擎蓋支架

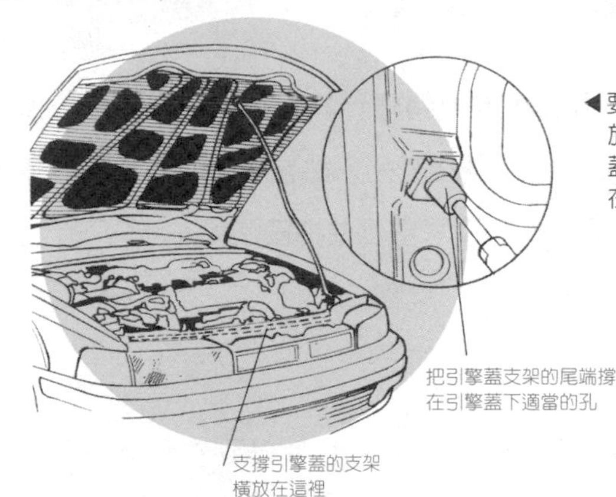

◀要支撐引擎蓋，先將橫放在引擎槽前緣的引擎蓋支架取出，把它固定在引擎蓋下方的孔中。

在開始之前

在你享受檢查引擎的樂趣之前，先遵照以下的幾點安全指示：

- 綁好長髮。
- 將珠寶、首飾，包括手錶和項鍊取下來收好。
- 準備滅火器。
- 如果在車庫裡檢修，要把門打開通風。
- 需戴塑膠手套避免沾染油污。
- 引擎液體，如水箱精有毒，使用後把手洗乾淨，收到小孩拿不到的地方。
- 禁止抽菸，一點火花都會使引擎燃燒。
- 邀請家人或朋友一同參與，不要低估朋友互相激勵的寶貴時刻。

引擎

打開引擎蓋，可以看見中間有一個很大的物體，那是引擎箱（也就是汽缸箱）。它的外觀是鋼或鋁製的，內部是由很多零件組合在一起，共同運作使引擎啓動並持續運轉。

■汽缸

大部分的座車只有四個汽缸，但也有多到六個或八個（越多缸馬力越強）。汽缸是空的，上方是封閉的而下方是開著的，汽缸的上方，即汽缸蓋，在汽油噴油嘴（接下來會談到）的下方。每一個汽缸蓋配合著一個進汽歧管、進汽閥、一個排汽歧管、排汽閥和火星塞，進汽歧管和進汽閥是引導燃料到汽缸，排汽歧管和排汽閥是把汽缸的廢氣引導出去。

大部份的車使用汽油當燃料，當汽油達到引擎會和空氣混合形成混合氣，混合氣燃燒得很快，混合氣循著路徑（經過汽油噴嘴，若你的車子是舊型的則是經過化油器），進入了汽缸的上方。

每一個汽缸內緊塞著一個活塞，活塞以非常快的速度在汽缸內上下移動，當活塞上移就把混合氣限制在汽缸頭並壓縮它，汽缸上方裝著一個火星塞，經過精密的時間計算，在混合氣被壓縮時火星塞「點火」，這火花點燃了混合氣，因此產生小而有力的爆炸推動活塞，使活塞降下來。

汽缸內活塞的運轉是經過計算的，使爆炸可以快速且連續，所有的活塞由一個連桿（正確說法叫做活塞連桿）連接到曲軸，曲軸是引擎最主要的轉動部份，曲軸的另一端是連接到曲軸箱。

每一個活塞不斷地上下推動轉動了曲軸，曲軸推動曲軸箱，最後曲軸箱推動了輪子。曲軸箱裡還有一些其他的東西，例如凸輪、彈簧、閥和油底殼（油底殼在曲軸箱底）。

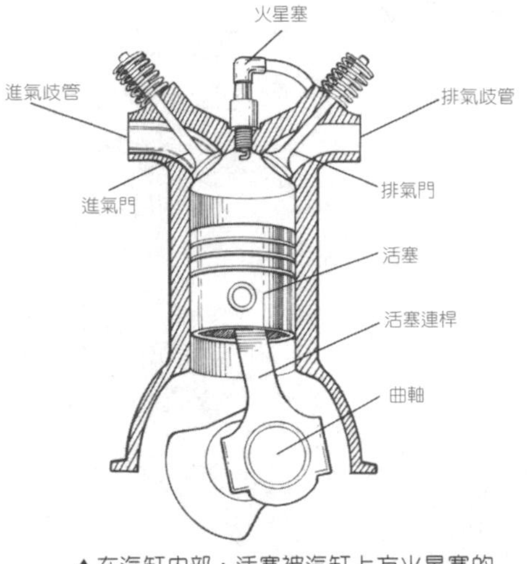

▲在汽缸內部，活塞被汽缸上方火星塞的火花，所引起的小爆炸而產生的動力，上下推動著。

由於活塞一上一下，曲軸在曲軸箱轉動，金屬摩擦著金屬，所以經常需要機油潤滑，這就是為什麼要有足夠、乾淨、高品質的機油在油底殼的原因。由於零件經常摩擦會產生很大的熱，

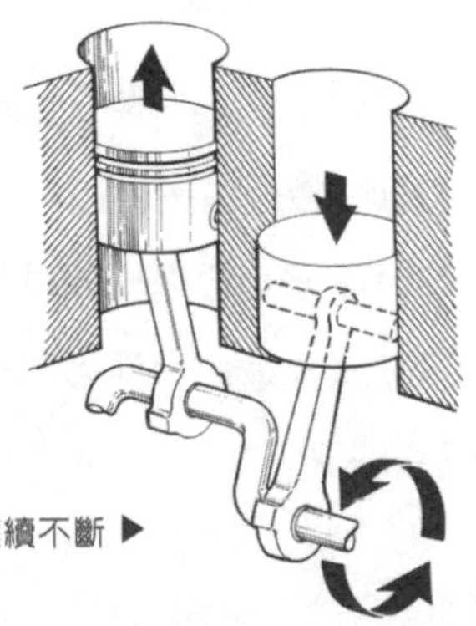

連桿的功能像腳踏車的踏板一樣，活塞連續不斷的上上下下結合成動力轉動曲軸。▶

冷卻系統（一般叫水箱精，或是由水和防凍劑混成）便圍繞在引擎間來使零件的熱度散開，這是為什麼要有足夠的冷卻水在冷卻系統的原因。

引擎

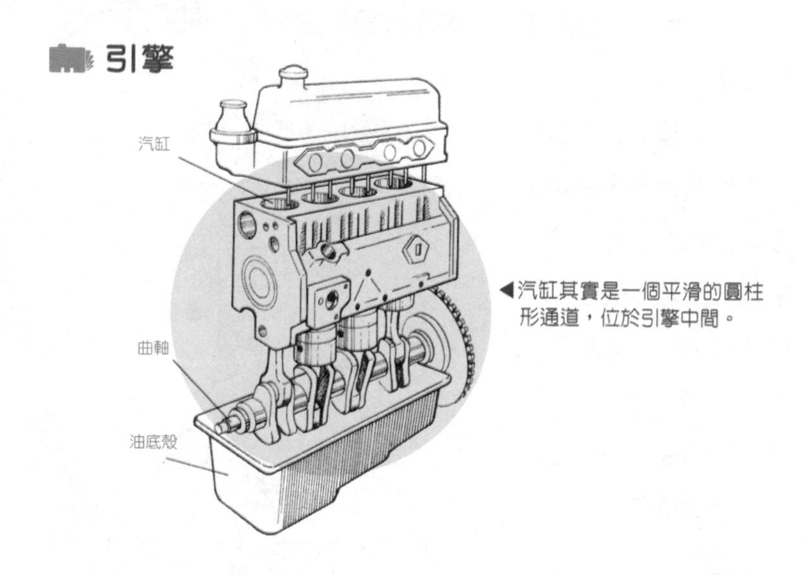

◀汽缸其實是一個平滑的圓柱形通道，位於引擎中間。

■更多汽缸表示更多馬力

如果你看過新車介紹手冊，會發現他們所標示的引擎介紹通常用大的粗體字寫著：16汽門6汽缸引擎，那的確是一輛大馬力的車！現在你知道機械如何運作，也就會明白為何越多汽缸越有力的道理。當你有更多的活塞上上下下地轉動曲軸，就可加快輪子的速度。

不要讓自己陷在多汽缸多馬力的思考中不能自拔，六個汽缸的車固然是好，但是卻比四個汽缸的車更耗油。省油是大部份四缸型房車著重的重點，你需要用到高馬力的車子嗎？是否省油、馬力低一點的車比較適合你呢？

■計算缸數

如果想知道你的車有幾個汽缸，可以從使用手冊上找到答案，但也有另一個快速知道的方法：只要計算從引擎出來的火星塞線有幾條就可得知，例如有四個火星塞線就是四缸。引擎的兩面都要看，六缸的話就是引擎的兩面各有三條火星塞線。

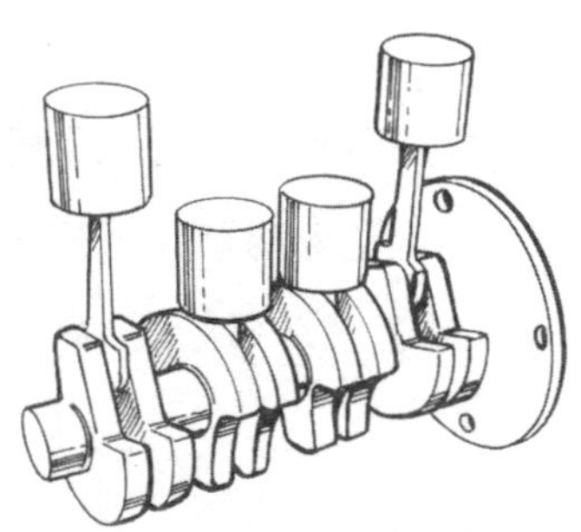

▲大部份四缸引擎的汽缸排成一列，稱為直列式四缸引擎。

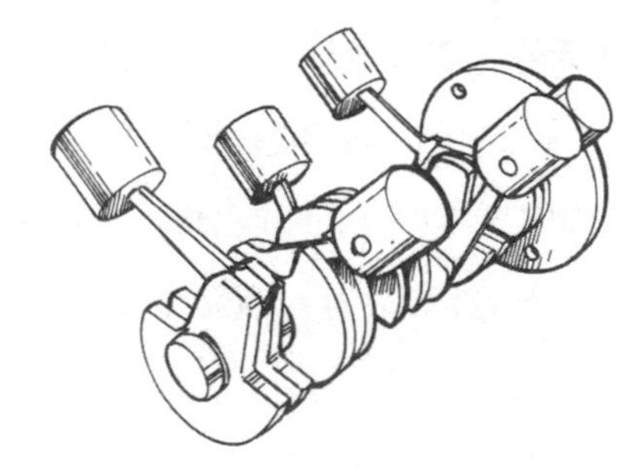

▲大部份六缸引擎排成V字形稱為V6引擎。

燃料系統

汽油如何從汽油箱走到引擎的所有汽缸呢？這是一個簡單的過程，它和亨利福特在一百年前所設計的一模一樣（這十年間所改變的就只有汽油如何進入汽缸的方法）。舊型的車，有個機械的裝置叫做化油器，它組合空氣和汽油，然後混合所產生的混合氣到每個汽缸。約從1990年起大部份的汽車製造商已經不再使用化油器而改用由電腦所控制的汽油噴油嘴。

兩者皆保有燃料系統的五個主要物件：汽油箱、汽油幫浦、燃油管、燃油濾清器和空氣濾網。汽油箱儲存汽油，汽油幫浦使汽油從汽油箱經過燃油管到達引擎，沿途汽油經過燃油濾清器，濾掉渣仔和其他物質。

現在你已經知道進入汽缸的不是液態油而是混合氣，這蒸氣是由空氣和汽油混合形成，空氣首先經過空氣濾網（它裝設在空氣濾清器內），純淨的空氣和汽油在混合汽油噴油嘴（或化油器）。

汽油系統

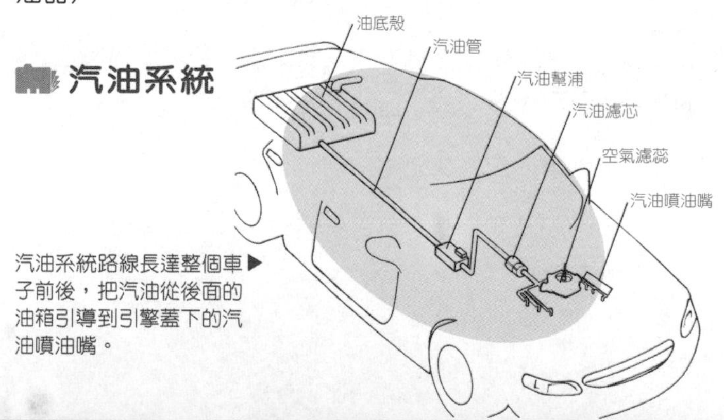

汽油系統路線長達整個車子前後，把汽油從後面的油箱引導到引擎蓋下的汽油噴油嘴。

■汽油幫浦

汽油幫浦做的和你想像的一樣。它使汽油從汽油箱經過燃油管，到達引擎的汽油噴嘴。

有些車，汽油幫浦是在汽油箱裡面以避免氣塞，而其它車汽油幫浦是在燃油管上，即汽油箱和引擎之間。如果你的汽油幫浦是在汽油箱外，可以由車底下看到，使用手電筒找到汽油箱，由汽油箱往車前延伸的燃油管上找，在燃油管附近你會看到一個盒狀或圈狀的東西，那就是汽油幫浦。查看使用手冊，得知在多少里程數時應該要換汽油幫浦。

車言車語

保持汽油從油箱到引擎一路順暢，最簡單、有效的方法就是保持汽油在一半以上的油量。為什麼呢？一個幾乎空的油箱，會使水蒸氣累積而進入汽油管，加上大部份的油箱有一層的沉澱物在油箱底部，所以當你使用到在油箱底部的油，這些沉澱物會跟著被帶過去。當有水氣或沉澱物摻雜在汽油內而進入汽油系統，引擎就會不順，或可能因此停止運轉。

■燃油濾清器

車子通常暴露在髒的環境中，所以汽油很容易被污染，事實上，只要汽油在汽油箱放過久就等於燃料遭污染，甚至油還沒有進入汽油箱就被污染了也說不定，例如汽油是由加油站已鏽掉的汽油箱中抽出來的。要讓車子平順行駛不動不動熄火，需要燃油濾清器來除去油內的雜質，這便它的角色。

燃油濾清器可以在引擎區沿著燃油管上看到，通常是在接近汽油噴油嘴的地方，是一個金屬的或塑膠的縐褶狀圓柱體，通常是一個夾住另一個的尾端接合在一起。燃油濾清器的更換時間請參照使用手冊。

■空氣濾網

空氣濾清器是一個黑色的金屬盒或塑膠盒子，通常在汽油噴油嘴的旁邊（化油器的車則是在化油器的上方），空氣濾網裝在空氣濾清器裡面，空氣濾網是一張滿是摺痕的紙。它除掉不純的物質，乾淨的空氣和汽油混合成了使汽缸有動力的混合氣。

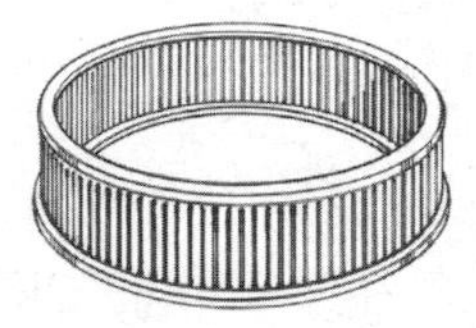

▲空氣濾芯是在空氣濾清器內，緊密折痕的紙片，通常是圓形、圓錐形或四方形。

有些空氣濾清器是四方形的，有些是圓形的，但也有些是圓錐形的，打開引擎蓋找出你的空氣清潔器在哪裡，注意它的型狀，確定空氣濾清器有無裝好，有些空氣清潔器是以螺絲栓著，有些是用夾子夾住。

如果你的手可以經過引擎到達所有固定住空氣清潔器的螺栓和夾子，換空氣濾網是你可以自己動手做的最簡單的保養。部份使用手冊上會建議讓有執照的修車技師更換空氣濾網，因為有時候要使用特殊工具才能更換。

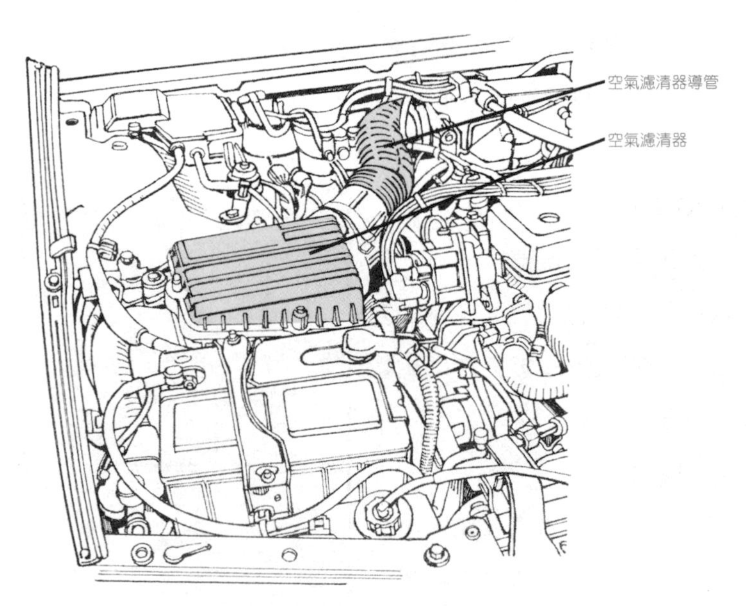

▲空氣濾清器通常在引擎的某一邊，你可以很容易就找到，它後面接著一個看起來很像是吸塵器的管子。

換空氣濾網

以往，你可以把空氣濾網拿到燈光下看看透光與否，來決定是否該更換空氣濾網，如果在燈光下可以看透，表示你的空氣濾網還可以用，但現在的空氣濾網，即使厚到透不過光還是很乾淨。換空氣濾網的時間應依照使用手冊上的建議。

工具和設備

- 平口的螺絲起子（如果空氣濾網被鎖住）
- 新的空氣濾網（使用手冊上所推薦的）

1.打開蓋子

如果空氣濾清器的蓋子被螺絲鎖住，先解開螺絲（逆時針方向轉）。如果蓋子被夾住，用螺絲起子橇開。

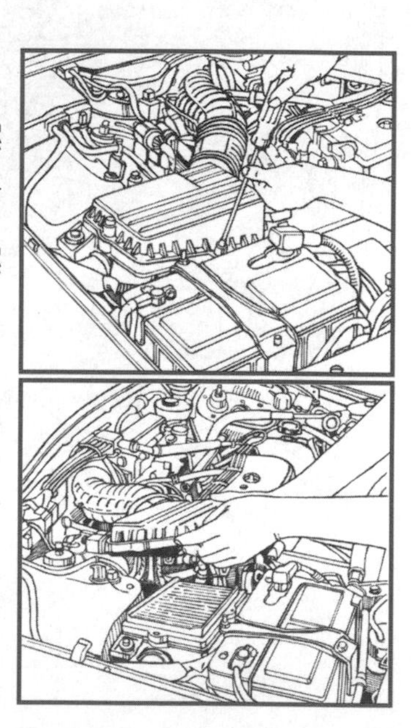

2.拿起蓋子

空氣濾清器的蓋子通常與大的軟管連在一起，所以不能完全拿開，把它搖鬆，小心的推到旁邊即可。

3.檢查空氣濾網的位置

記住空氣濾網在空氣濾清器上的位置，以便更換後裝回。

4.移除舊的空氣濾網

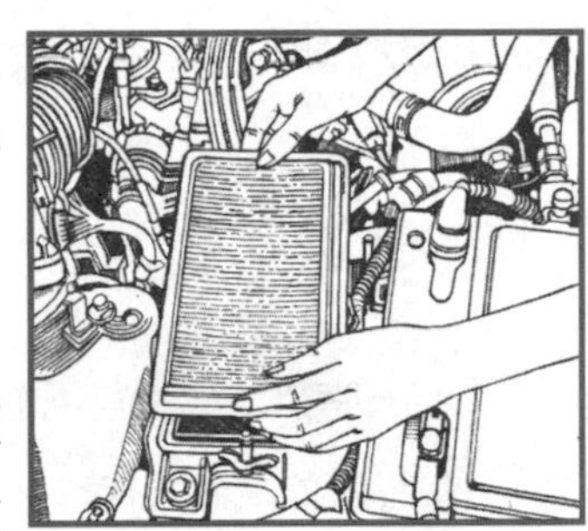

雙手把空氣濾網由空氣濾清器底部提起來。

5.裝上新的空氣濾網

把新的空氣濾網由包裝中取出，放在空氣濾清器底部的適當位置，用指尖輕壓使其穩固地貼住空氣濾清器的邊框，確定它有緊密吻合。

6.把蓋子蓋回去

把空氣濾清器的蓋子蓋回去，用平口螺絲起子將螺絲鎖好（順時針方向轉）或夾回夾子，再次檢查是否都有鎖緊。

小叮嚀

空氣濾網有各種不同的形狀和大小，查閱車子的使用手冊，記下需要使用的型號等資料，去汽車材料行時，不論是去買空氣濾網或是PCV閥，都可以買對。

■汽油油量表

在汽油系統中，有個重要部份是你可能沒聽說過的，即汽油箱油量的電子傳送裝置，這個裝置（事實上是一個浮球），可以查詢汽油箱內的油量和傳送訊息到儀表板的刻度表上。如果這零件壞了，駕駛人會收到錯誤的油量數據，等到車子沒油了，才察覺到油量表是壞的。

車言車語

若一時無法找到常用的辛涜含量的汽油，可以使用高一個等級的汽油來代替，它通常是特級汽油。

■選用哪一種汽油？

加油站提供各式各樣的油讓你選擇，這時你應該用哪一種？只要查詢使用手冊便可得知，手冊會告訴你哪種辛烷含量的油是適合你的車型和車種。

為何這點很重要？因為他可以為你省錢。大部份的車都使用一般的或中等級的油，多花錢去使用較高級的汽油，車子並不會因此而運轉得更有效率。

汽油不要隨便更換。為什麼？因為使用汽油噴油嘴的車是由電腦控制噴油量，當電腦習慣於操作某種油後，若突然更換不同的油會容易讓電腦系統損壞，車子也會跑得不順。

歸根究底，使用手冊上所推薦的那種汽油，這習慣將為你省錢，不論是在油費或是修理費上。

電力系統

是什麼造成混合氣在汽缸口點火使車子可以啟動？答案是：一點一點的火星從每個火星塞點火而來。為何火星塞產生火花？當然是電囉！

電力保存在電瓶裡，當你轉動車鑰匙，電力立即傳送到起動馬達和其高壓線圈中發動引擎，而當鑰匙保持在「ON」的位置時，電力仍持續的原因是發電機的關係。

發電機以一條皮帶連結曲軸（曲軸在引擎的下方，由每個上上下下的活塞所帶動）。當引擎運轉，曲軸會帶動發電機的皮帶，皮帶帶動發電機輪軸產生電力。電力是用來使電瓶再充電和讓部分附屬裝置使用，例如收音機和雨刷等。有些電力也會送到火星塞產生火花，火星塞使得活塞運作，活塞使得引擎的曲軸轉動，引擎曲軸帶動發電機的皮帶，發電機的皮帶啟動發電機，發電機因此產生更多電力，如此不斷地重複循環下去。

發電機是由電壓調整器所控制，保持電流在一定的強度與流量。一般新車的電壓調整器配置在發電機裡，你看不到它。

電力系統

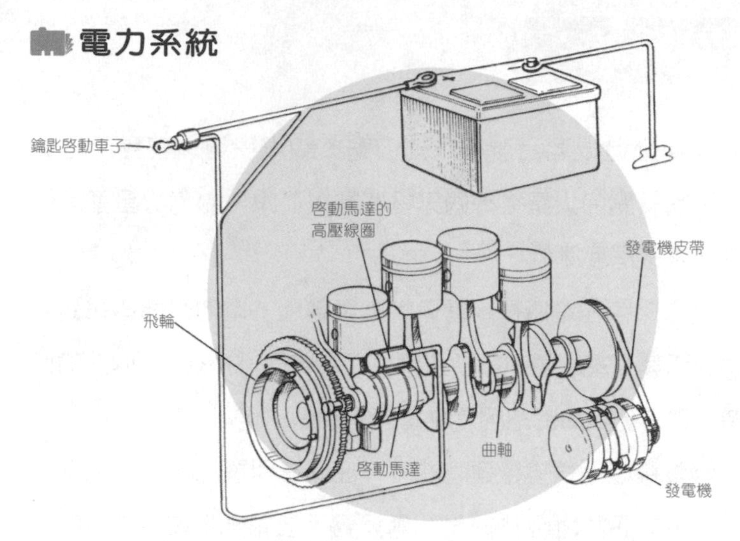

▲當你轉動車鑰匙時啓動馬達就開始運轉，這力量使飛輪轉動，飛輪轉動曲軸，曲軸使活塞運作並且轉動發電機皮帶，皮帶則使發電機旋轉而產生電力。

■電瓶

大部份的電瓶可以很容易在引擎區看見，如果找不到，請查看使用手冊。

電瓶的上方有兩個突出的小圓柱，一個是負極的電流，另一個是正極的電流。正極標示＋，負極標示－。一般而言，正極的圓柱比負極的圓柱大一點。

兩條電線由電瓶的柱子延伸出來。正極的線，通常是連到啓動馬達和高壓線圈。負極的線則連到車體，車體裡許多電力線路。有的電瓶電線以顏色區分，正極是紅色，負極是黑色。

大部份的房車是濕式電瓶，意思就是充滿電解質液體（硫酸和蒸餾水）。一個濕式電瓶由一群金屬板分割成許多區域，電解質液體則流動電子，電子的流動帶來電能，為電瓶充電。

有些電瓶有小蓋子，你可以把蓋子打開瞧一下，看金屬板是否損壞或電瓶水是否量不夠，但絕不能碰觸電瓶內部（裡頭是腐蝕性強的物質）。

許多新電瓶標示著「免加水」，這些電瓶正如它所承諾的可以維持很久，但是卻沒告訴你有關電瓶的相關資訊。免加水電瓶並沒有任何可以打開的蓋子，它是封住的，如果你的電瓶是這種，就無法看到內部狀況來判斷電力。然而你仍可以監控電瓶的充電狀況，因為封住的免加水電瓶通常有指示孔，當指示孔是綠色或黃色的，即充滿電，當指示孔呈現黑色，表示電瓶是壞的。

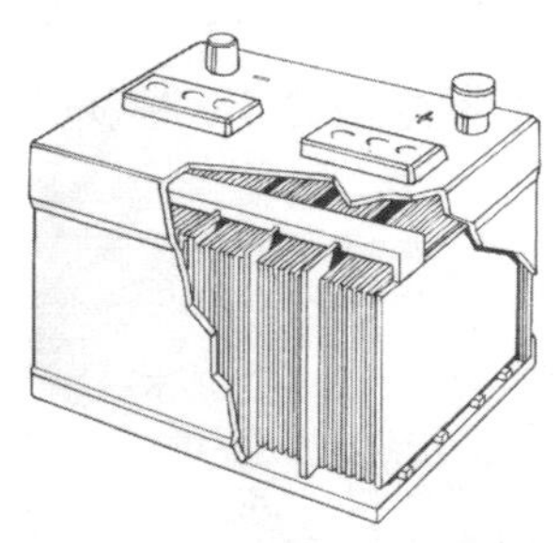

▲電瓶內的酸性電解質液體使金屬板彼此相互相碰觸因而產生電力。

▲沒密封的電瓶有兩種，一種是有兩個長方形蓋子，每個蓋子可以蓋住三個電瓶區間；另一種是用一個個小蓋子蓋住每一個電瓶槽。

正如你的家用手電筒、鬧鐘、和掌上型電動玩具的小電池一般，車子的電瓶也會沒電，電瓶為什麼會沒電有三個主要原因：

1.配件耗盡了電力

當你停了車，關掉了引擎（關掉了發電機），但是車子的某些配件電力還開著，例如收音機和大燈，這些配件會耗盡電瓶的電力，加上因為發電機已經關閉無法提供給電瓶更多的電力，所以電瓶很快的就會沒電。

2.無效的電路系統

電瓶並沒有足夠的電力，也許是電瓶線鬆了，或者是電瓶圓柱和電瓶線的尾端髒了，也可能是發電機的皮帶鬆了。

3.漏電的電瓶

電瓶失去部份儲電的性能，也許電瓶水不夠，電瓶的金屬板開始分裂，可能金屬板或電瓶箱漏電，你可以用蒸餾水加滿電瓶（請看48頁細節），但如果金屬板或電瓶箱壞了，你就必需要更換電瓶。

注意

若你需要碰觸電瓶或電瓶線，要先拿下珠寶手飾，即使在熄火狀態，電瓶線仍有電流經過，這時若有任何金屬碰觸到電瓶或電瓶線，可能會遭受電擊。

如果你的電瓶是沒電的，必須重新充電。如果電瓶壞了得去買個新的，可以自己買來裝，或是讓修車廠換。如果自己裝新電瓶，大致上來說，你要買大小、等級和原先的一樣的電瓶，檢查使用手冊以知道正確的規格。有時候，或許你需要買比你現在的電瓶高一級的電瓶，例如你的手機固定插在點煙器上，你的電力系統就需要較高的電壓，請教你的修車技師或服務中心的代表有關電瓶升級的可能性。

壞掉的電瓶要拿去服務中心或是汽車中心處理，電瓶含有毒物質，不應該與一般垃圾丟在一起，服務中心或汽車中心有適當的回收處理方法。

車言車語

若你的車很久沒開，即使引擎是關的，車子的部份配備也會把電耗掉。若你將有很長一段時間不開車，可把電瓶線鬆開以避免電瓶電力耗盡（記住要先鬆開負極的線路）。

加注電瓶水

定期檢查電瓶水的量，因為不足的電瓶水會容易使電瓶壞掉。如果電瓶水的量很低，你可以把它加滿（如果你的電瓶是封著的，就無法進行這個維修動作）。先確定車子停在水平位置，而且引擎是冷的之後，再開始動作。

工具和設備

- 扳手（需要的話）
- 塑膠手套
- 空的塑膠桶
- 平頭口螺絲起子（需要的話）
- 蒸餾水
- 乾淨的抹布

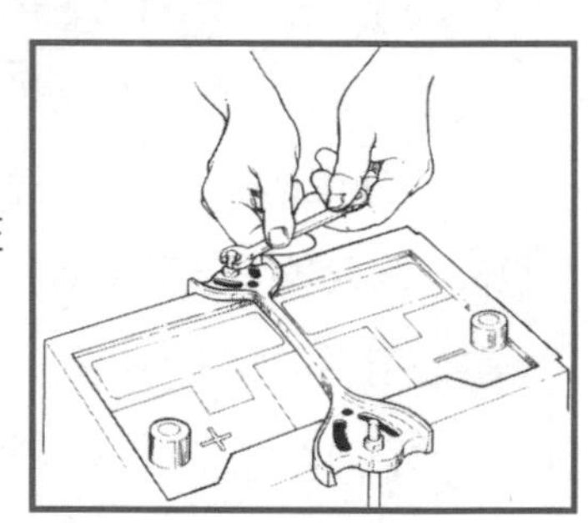

1.移開鎖住電瓶的固定器

電瓶上的蓋子被固定器鎖住的話，要使用扳手把螺絲鬆開，把固定器拿開。

2.將桶子裝滿水

把桶子裝滿蒸餾水（要加蒸餾水，水龍頭的水含有污染物質會傷害電瓶）。

3.帶上塑膠手套

電解質有腐蝕性，帶手套保護手部。

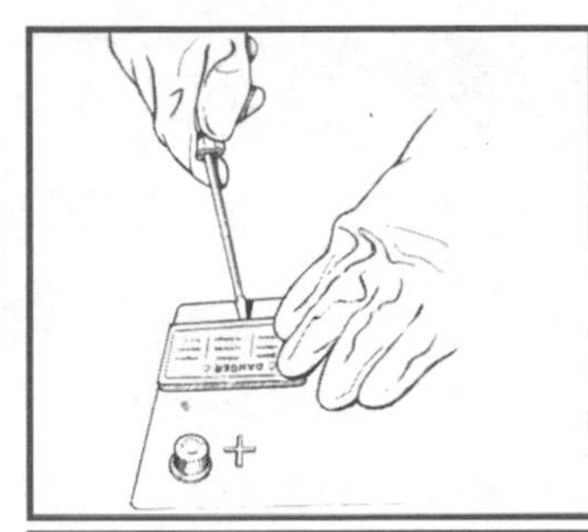

4.打開蓋子

使用平口螺絲起子撬開蓋子即可看到內部，液體的高度應與電瓶內的金屬片同高，不要高過或低過金屬片。

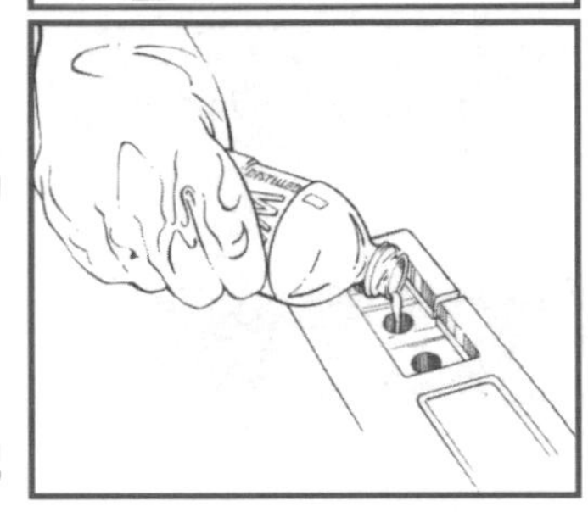

5.加水

小心地把蒸餾水加入蓋口，注意不要濺出來，也要留意水的高度，有可能沒加多少就滿了。

6.把蓋子蓋回去

電瓶如果只有一個蓋子，把蓋子蓋回去並旋緊即可，若不只一個蓋子則繼續下一個步驟。

7.對其他的區域做同一步驟

檢查並加蒸餾水，同時蓋回蓋子，也對其他的區域重複這些動作，並不是每區域都需要加水。

8.擦乾

當每個區域都檢查了、加了蒸餾水，也鎖好了，用乾淨的抹布擦拭任何濺出來的地方。

9.丟掉抹布和手套

脫下手套，和抹布一起丟進垃圾袋，並將它放入有蓋子的垃圾桶內。

注意

若電瓶沒電的情況在過去的幾週內不只發生過一次，代表它或許「冒煙了」，靠近一點查看會看到很多細煙由電瓶上方冒出，這表示電瓶正在冒毒氣。若有這種情況，千萬不要加水或發動引擎，以防引起爆炸，這時要趕緊換新個電瓶。

清潔電瓶

若電瓶線上有一些白色碎屑堆積，這是正常的，你應該把碎屑擦乾淨，碎屑積在那裡會干擾電瓶的電流，給自己至少一個小時的時間來做這個簡單的工作，雖然這些事並不難做，但是在擦乾拭後總需要時間讓電瓶線乾，才可以把電瓶線接回去電瓶。

工具和設備

- 一湯匙（15毫升）的蘇打粉
- 塑膠手套
- 一杯溫水（250毫升）
- 舊牙刷
- 潤滑油或防銹油
- 乾淨抹布
- 扳手（可鬆開電瓶上鎖住的螺絲和電瓶線的）

1.準備乾淨的溶解液

在小的塑膠容器裡混合一湯匙（15毫升）的蘇打粉和一杯溫水（250毫升）。

2.帶上手套

保護手部不碰到有毒的電解質。

3.鬆開鎖住的電瓶外箱

使用扳手鬆開螺絲，並把電瓶固定器移開。

4.鬆開負極的電瓶線螺帽

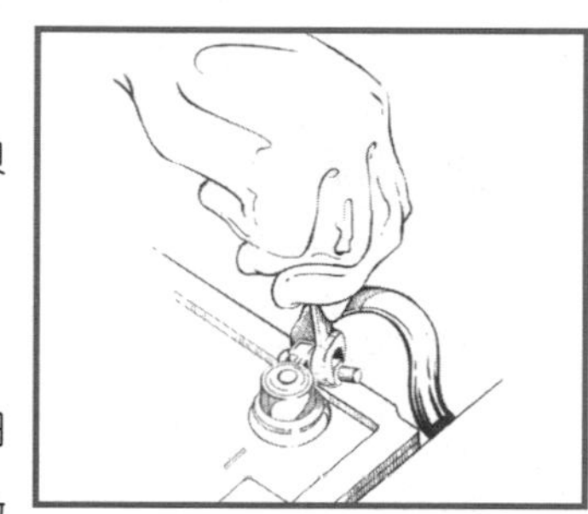

使用扳手鬆開電瓶上夾住負極電線的螺帽。

5.移開負極電瓶線

當電瓶線鬆了，把電瓶線由電瓶圓柱上移開，或許需要稍微搖動使它鬆開後再取下。

6.移除正極電瓶線

相同的，鬆開並移開正極的電瓶線。

7.把電瓶線上的正負圓柱和電瓶線擦乾淨

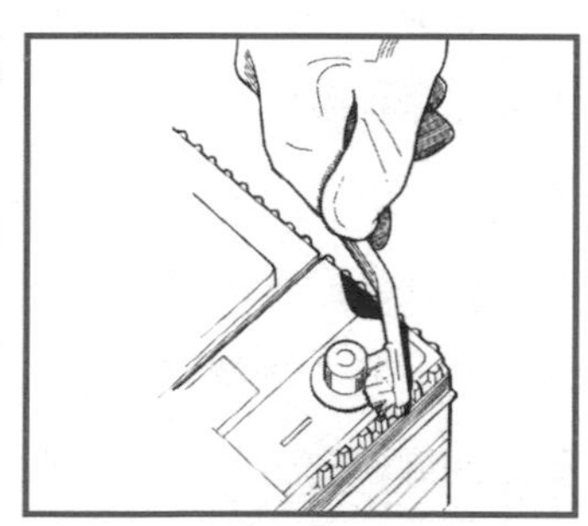

用牙刷沾蘇打粉溶解液來刷掉圓柱上和電瓶線上的白色酸性碎屑，重複此動作。

8.待乾

稍後一下，使電瓶線和圓柱全乾。

9.上油潤滑

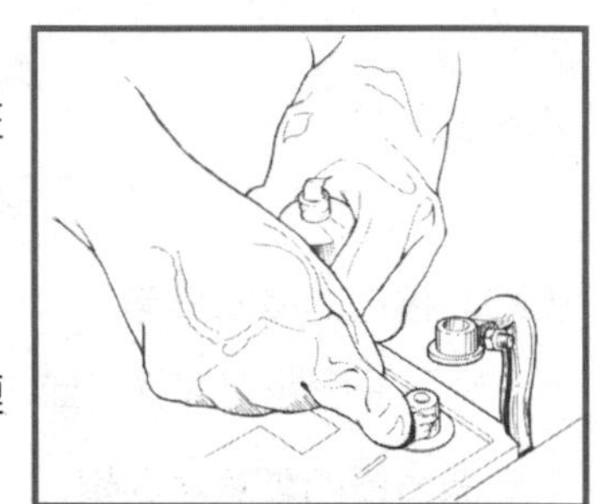

塗上潤滑油或防鏽油在圓柱上或電瓶線尾端。

10.連接電瓶線

先連接正極線，旋緊後再連接負極線。

11.擦拭乾淨

用乾淨抹布擦乾淨電瓶上方。

12.用具處理

把手套、塑膠容器和牙刷放在袋子內，丟棄在有蓋子的垃圾桶內。

■啓動馬達

啓動馬達是一個電力馬達，通常是在曲軸底下或旁邊，由電瓶沿著電瓶線（通常是正極），會找到一個啓動馬達的線圈，啓動裝置的上方是一個小的圓柱體，（新的車種，啓動馬達的線圈合併在啓動馬達裡面無法看到）。啓動馬達線圈的作用像是一個開關，它允許電流從電瓶到達啓動馬達，啓動馬達讓曲軸轉動，曲軸轉動活塞，因而使引擎開始運轉。

■點火裝置

當你把鑰匙轉到「發動」位置，就開啓了起動系統，而當你放開手讓鑰匙保持在發動的位置時，點火裝置便使火星塞作用，車子即可發動。

傳統的點火裝置由四個部份所組成：電瓶、高壓線圈、分電盤和火星塞。電瓶提供電力，高壓線圈加強電力，分電盤當然就是分配適合的電力，依照所計算的時間讓火星塞電子點火。

車言車語

當你起動車子後，馬上把鑰匙鬆開，避免起動裝置過熱或燒壞。

有三種點火裝置：白金接點點火裝置、無白金接點的點火裝置、沒有分電盤的點火裝置。舊型用化油器的車是用白金接點點火裝置，它有一個用機械操作的分電盤和點火高壓線圈（沒有使用電子原件）。無白金接點點火裝置有一個傳統的分電盤和點火高壓線圈，是由一個電子開關所控制。現代的車是使用沒有分電盤的點火裝置，它是由電子點火高壓線圈、感應器、和一個電子濾波器所組成。這個新的科技取代了傳統的分電盤和高壓線圈。

圖示點火系統

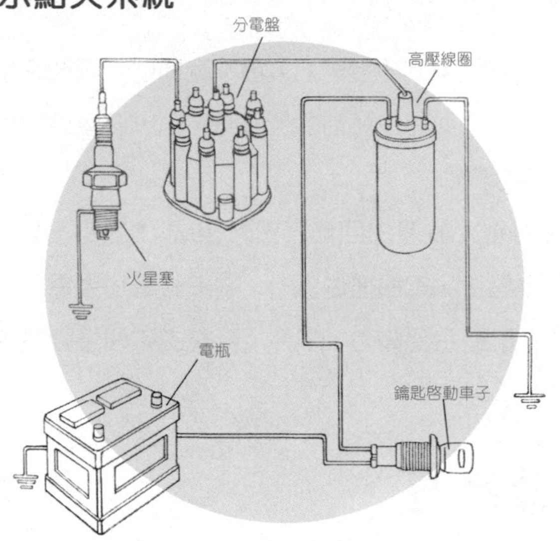

▲在傳統的點火裝置中，動力從電瓶到達高壓線圈和分電盤之後，再到火星塞。

點火高壓線圈是一個小的單位，它的位置在分電盤的正下方。新的車種將高壓線圈合併到火星塞線。

■火星塞

火星塞肉眼看不到，除非你移開火星塞線和套在上面的橡膠套，可使用特殊工具把它拉出來。這是個不簡單的工作，如果工具不適合，火星塞可能會壞掉。修車技師知道如何正確處理，所以不需自己動手，你只要等著看一個新的火星塞就好。

火星塞的底部，在中央電極的下方，有一個彎曲細鐵，叫接地電極。高壓電跨過中央電極和接地電極間的縫隙，產生一道火花，這道「火花」即是點亮混合氣的火花。

中央電極和接地電極間的縫隙距離很重要，如果縫隙太小或過大，火星塞就無法有效運作。當修車技師說要調整火星塞，就是調整中央電極和接地電極間的隙縫距離，讓火星塞達到最佳使用效能。

當火星塞是新的，中央電極會是方形的。在正常的駕駛情況下電極應該會損壞成彎曲狀，並且會有碳的沉積。損壞和碳累積的情形可以當做火星塞火力的指標。一般的碳沉積是咖啡色或灰色，黑色的碳沉積代表電力不足，常在市區開車，車子走走停停常會累積很重的碳，它會減火星塞的壽命。

如果車子的引擎運轉不順或停止，可能是火星塞沒有適當運作，請修車技師檢查火星塞，如果發現是這個問題，請他們更換火星塞。如果只有一個或兩個火星塞有碳累積或不均勻的損壞狀態，最好還是把所有的火星塞和火星塞線一起換掉。因為當所有的火星塞有同等的效能時，電流才能平均分配，這才是車子平穩前進的原因。

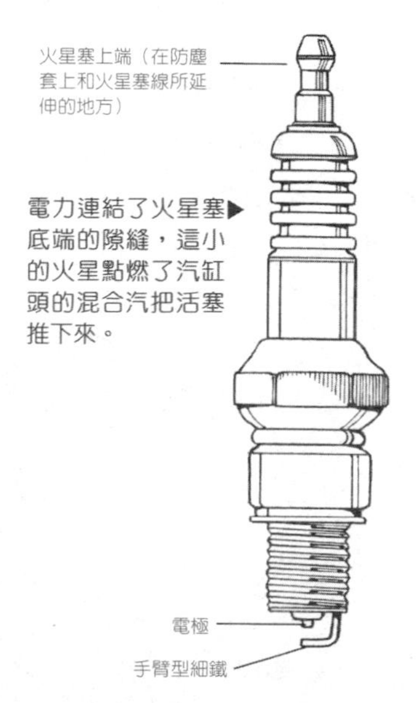

■分電盤

分電盤已經是被淘汰的東西，但是路上還有很多車仍使用分電盤。目前只有白金接點點火裝置和無白金接點點火裝置有分電盤，查看使用手冊，或是問修車技師你的車哪一種點火裝置。

如果你的車有分電盤，沿著火星塞線找到一個藍色的或是黑色的塑膠箱，這是分電盤的蓋子，蓋子下面就是分電盤。

有一條電線連結所有火星塞線到分電盤蓋上，並導引電流進入分電盤，分電盤整合電流到火星塞線，分配電力給火星塞所需要的電力，在適當的時間點燃混合氣使活塞運作。

現代的新車並沒有分電盤，電力的分配是由電腦所控制。

尋找分電盤

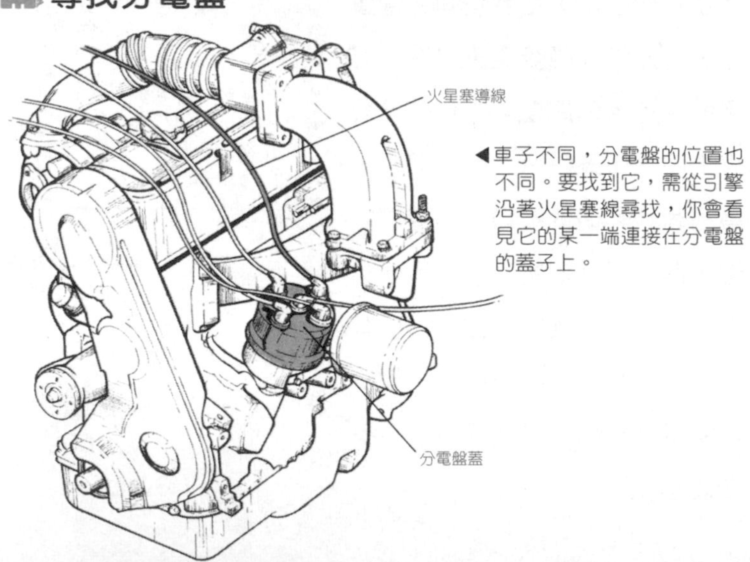

◀車子不同，分電盤的位置也不同。要找到它，需從引擎沿著火星塞線尋找，你會看見它的某一端連接在分電盤的蓋子上。

傳動系統

引擎發動可以上路了，那個用來釋放引擎力量和使車輪運轉的東西叫做傳動系統。

變速箱是傳動系統的主要部份，在接近引擎的地方。傳動系統的配置則視車子的行車系統而定，目前有全輪傳動(AWD)、前輪傳動(FWD)，或是後輪傳動(RWD)三種。

全輪傳動就是所謂的四輪傳動，把動力平均傳給四個輪子，現今最普遍的四輪傳動就是SUV（休旅車款）。SUV原本是設計給喜愛在不平坦路面上駕駛的車使用，但依北美高速公路行車資料顯示，越來越多的家庭選用SUV，因為SUV的高度和重量提供了駕駛安全感，特別是車上有小孩的時候。

前輪傳動是房車中最普遍的車型。以一般民衆而言，一台前輪傳動的車就足夠你上班、回家、上學、和旅遊使用。前輪傳動意思是變速箱只傳動前兩輪，而後兩輪跟著跑。

後輪傳動則和前輪傳動相反，變速箱只傳動後兩輪，後兩輪推著車前進，而前兩輪跟著跑。

■排檔

變速箱的作用就是依照不同的速度和輪胎負荷由引擎傳遞適當的力量到輪子。例如車子正要進入交通要道，既使不打算高速前進，也需很大馬力來瞬間加速，讓時速從0推升到50公里。若車子轉進高速公路上，駕駛速度達90公里以上，此時的換檔卻不會耗費更多的馬力。

當你取車發動、行進或加速時，車子承受的負載量會影響到變速箱所需的動力。

變速箱配置著不同大小的齒輪，在手排車中，駕駛藉換檔來增加或減少從引擎來的動力，低檔釋放大動力，但速度無法加快；高檔可以跑得快，但相較於低檔，高檔的動力較少。換檔，即控制變速箱選擇哪一種齒輪運轉，可以藉踩或放離合器來換檔，而自排車是用電腦來控制換檔。

■手排變速箱

以手動來排檔的齒輪裝在引擎下的油底殼裡，它的潤滑油叫做離合器油，但是它和煞車油並無不同。煞車油是用在離合器的齒輪上。離合器油的儲存槽叫做儲油槽，通常在煞車油旁邊、引擎的後面，看起來很小，蓋子上通常標示著「離合器」。為了維持最好的保養狀況，要定時檢查離合器油量與品質。

■自排變速箱

自排變速箱的齒輪裝在引擎下方的正中間、油底殼的後方。你無法由引擎的上方看到它，可以請修車技師將車用頂高機舉起時指給你看。

當你把檔放到D（駕駛）或R（倒退）時，紅色或粉紅色的變速箱油就從油底殼內開始在你的排檔系統上做潤滑的工作，此時齒輪因被潤滑了，所以彼此不會相互磨損。要定時查看變速箱油還剩下多少（使用方便的油尺），並把它加滿。

■差速器

以後輪傳動車為例，傳動軸（一個長桿）從變速箱往後延伸到連接後面兩個輪子的橫軸中央。在傳動軸和橫軸的連接處有一個後方差速器。差速器是一個有齒輪和潤滑油的盒子。它轉換動力，將內側需要急轉彎的輪子調整動力與速度，使其平順往前行。例如車子要急轉彎時，內側輪子轉的速度比外側輪子轉的速度慢，差速器就是調整兩輪的速差。

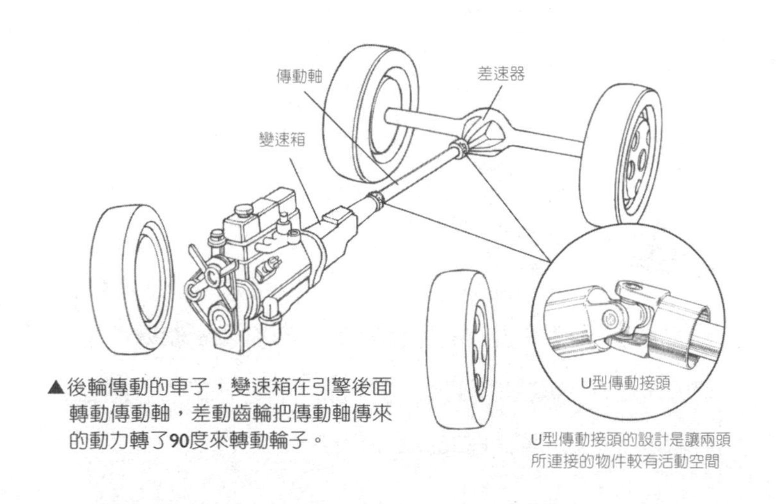

▲後輪傳動的車子，變速箱在引擎後面轉動傳動軸，差動齒輪把傳動軸傳來的動力轉了90度來轉動輪子。

傳動軸是被兩個U型接頭所固定，一端連接到變速箱、另一端連接到差速器，讓傳動軸作用而不會牽引到引擎。

■聯合傳動器

如果你的車是前輪驅動，變速箱和差速器是合在一起的，叫聯合傳動器。它位在引擎的後方，用來連接前輪到方向盤，也就是把動力給車的前方位置。連接輪軸到聯合傳動器的裝置叫做CV傳動接頭，即**CV-joints**。CV傳動接頭使輪軸有高彈力，並讓前輪轉動，減緩顛簸。

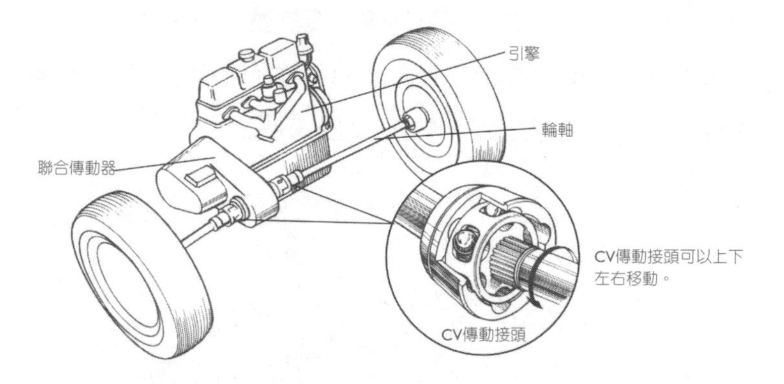

車言車語

聯合傳動器提供額外的重量給車子的前端，使得前輪有較佳的摩差力，特別是在滑的路面上。若你住的地方路面上常會結冰，駕駛前輪驅動的車子較佳。

前輪驅動、後輪驅動、四輪驅動的變速箱設定

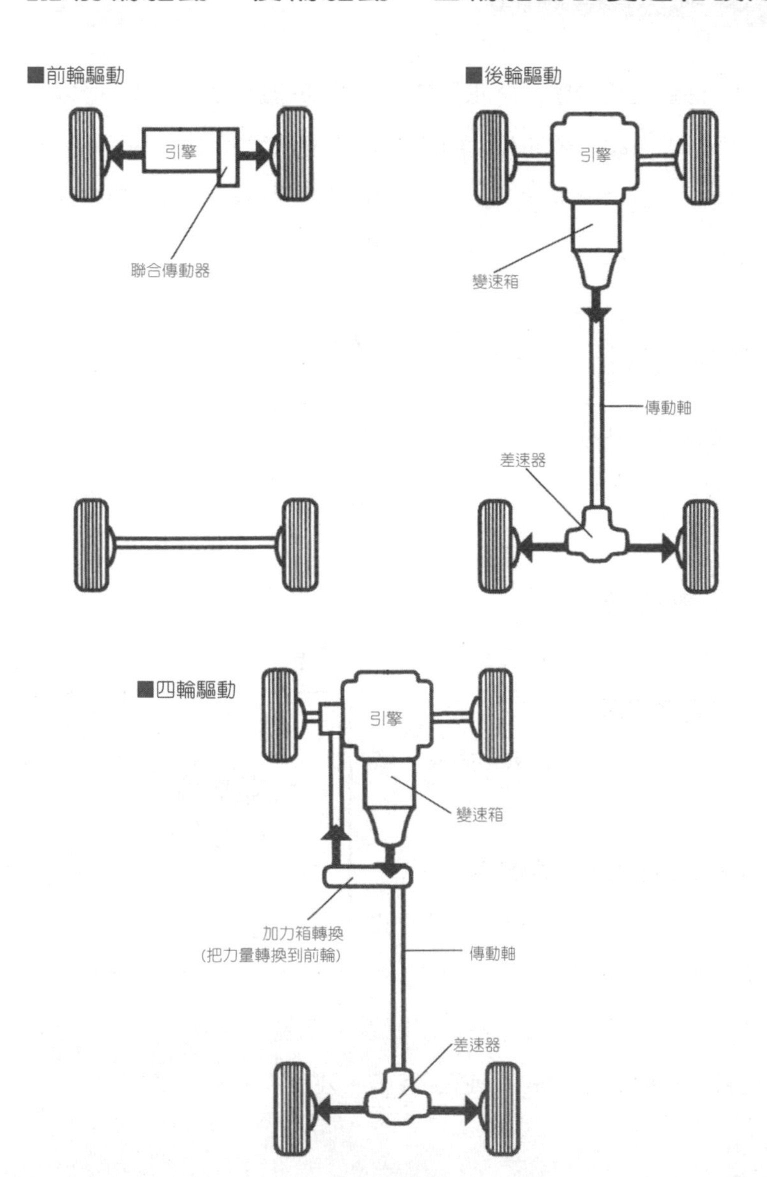

檢查離合器油

檢查並加滿離合器油的動作需要快速且細心完成。可以將煞車油當做離合器油來使用，但動作要確實、迅速，因為油料暴露在空氣中容易被污染，若不小心濺出來會把髒東西帶進儲油槽。

工具和設備

- 乾淨的抹布
- 平口螺絲起子
- 離合器用油（使用手冊上所推薦的）

1.清潔儲油槽

使用抹布擦掉離合器儲油槽上的污垢。

2.把蓋子打開

以逆時針方向轉開蓋子，或平口螺絲起子撬開。

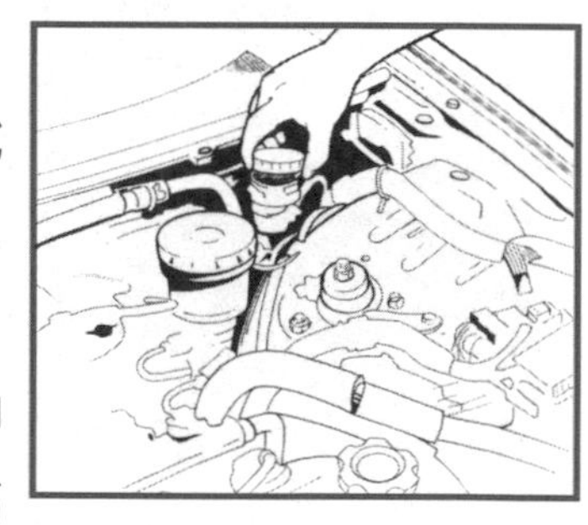

3.檢查離合器用油的高度

朝離合器儲油槽內加油，油應加滿至離瓶口約0.6公分的高度。若打開蓋子後發現油量沒問題，把蓋子蓋回去即可。若油量較少即把離合器油小心的加進去，注意不要濺出來。

4.把剩下的油丟掉

這些油已經暴露在空氣中，被污染了，沒有必要留下來。

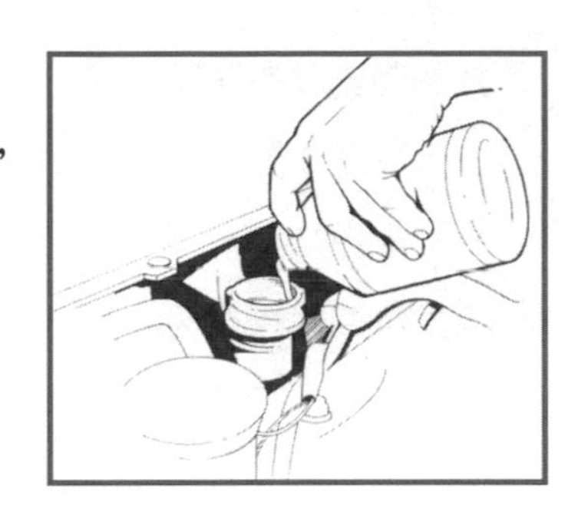

檢查自動變速箱油

檢查並加自動變速箱油是很簡單的動作，你應該不常需要加自動變速箱油，除非你的自動變速箱的油量常常很低，最好找修車技師檢查一下原因。

工具和設備

- 乾淨的抹布
- 漏斗
- 一公升的自動變速箱油（使用手冊上所推薦的）

1.把車子停在平坦的地面上

煞好車，把引擎放在空檔的位置（保養時把引擎放在空檔很少見）。

2.找到有刻度的油尺

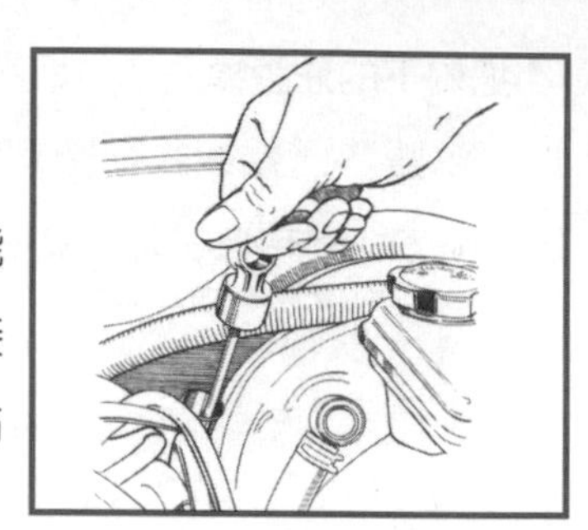

一般在引擎的後方或前方，蓋子是黃色或是紅色，上面可能會寫著自動變速箱油，蓋子連接著一把油尺，把它拉出來用抹布擦乾淨。

3.看一下油尺尾端的刻度

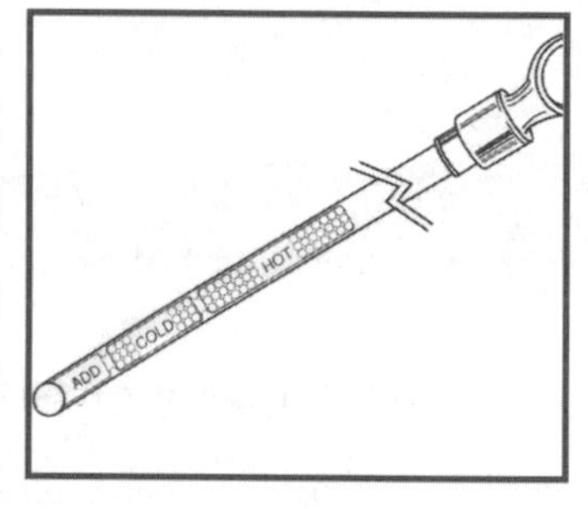

油尺標示兩個刻度，一個寫著Full或是F（滿），另一個寫著Empty或是E（空）；有的則是寫Hot（熱）和Cold（冷），如圖所示。

4.再放入油尺

把油尺放入洞口內達到最深處後再拉出來。

5.檢查油尺以得知油的量

看一下是不是在Full（滿）或是Hot（熱）的位置，不要高過、或低於這兩個位置。

6.檢查油的品質

碰一下油尺所沾出來的油，應該是溫的而不是熱的。自動變速箱油應該是微紅色的，如果有氣泡，顯示油舊了應該換新的。聞聞看是否有焦味，如果有焦味表示自動變速箱有燒壞傾向，應該請修車技師檢查。

➢ 如果油量沒問題，把蓋子蓋回去即可。

➢ 如果油量較少，把漏斗的尖端放入洞口。

7.加動力方向盤油

慢慢地加入，用油尺檢查是否已加滿，直到確定加滿後停止。

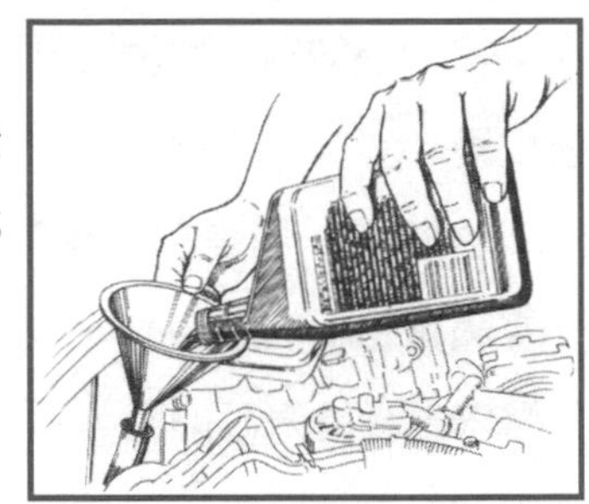

8.把連著蓋子的油尺放回並壓緊

將洞口封緊。

注意

估算要多少油來填滿？由Empty（空）到Full（滿）約要0.5公升，你可以以此來計算你應該加多少進去。

冷卻系統

冷卻系統對引擎健康非常有幫助，也是肉眼看不到的多功能設備。

水箱是一個扁型的鐵箱，直立在引擎前，充滿了冷卻水（水箱精和水的混合）。冷卻水由水箱的下水管到達引擎，在引擎內部經過汽缸周圍等零件吸收熱氣。吸了熱的冷卻水繞進暖氣加熱器，暖氣加熱器作用讓暖氣進入車內，最後，流經引擎上部的自動節溫器，從上水管回到水箱。

位於水箱後面的風扇，也是讓車子能夠前進的原因之一。風扇將空氣吹進水箱為冷卻水降溫，水幫浦讓冷卻水循環不停，感應器感應冷卻水的溫度，副水箱是用來儲存過多的冷卻水。

這些聽起來有些複雜，但其實可以簡單歸結成三點：1.冷卻系統吸收引擎的熱量使引擎可以有效率的運作。2.它可以幫忙冷卻引擎零件。3.在寒冷的季節，提供駕駛與乘客暖氣。

■冷卻水

運轉在冷卻循環系統裡的冷卻水是由水箱精加水所組成（在寒帶的車輛是由防凍劑加水所組成）。如果把沒加過水的水箱精直接加入冷卻系統，水箱精會很快結成泥狀，此時就得麻煩修車技師沖洗整個冷卻系統。

■水箱

水箱通常在引擎的最前面，藏在車體下方，它看起來是個堅固的格狀箱，上方有個小蓋子（另一個較小，在暖氣的前方，看起來像水箱的東西是冷氣機）。

水箱的顏色應該是黑色或灰色，如果呈現淺綠色或是褪色表示水箱有裂縫。水箱前方應該要保持乾淨，若有昆蟲屍體或枯葉等東西黏住要清掉，但這之前要先確定引擎是冷卻的，避免冷卻水濺到燙的水箱引起爆裂。

冷卻系統

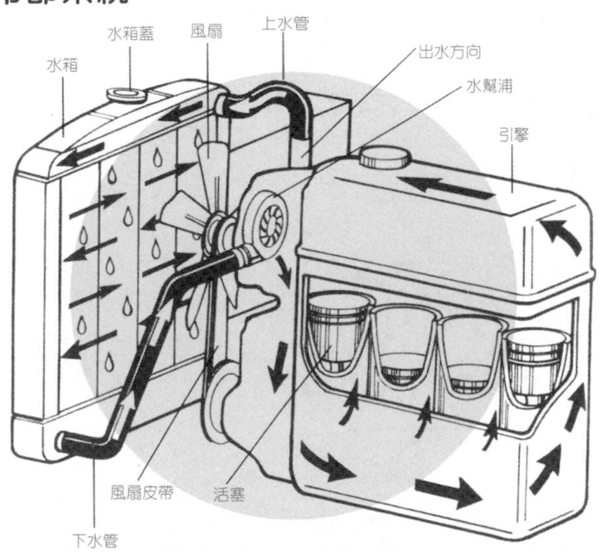

▲從引擎的後方除去引擎的其他部份不看，冷卻系統是一個簡單讓冷卻水環繞引擎的裝置。

當冷卻系統運轉，冷卻水不停循環時，會有巨大壓力產生。而水箱蓋的設計就是為了避免引擎正熱時，冷卻水滲漏出來，此時千萬不要把水箱蓋打開，否則壓力釋放出的熱氣會使冷卻水爆出來，造成臉和手嚴重的燙傷。即使確定引擎已冷卻仍要小心，帶上手套站離水箱蓋遠一點的地方，不讓頭部直接迎向洞口，拿著抹布壓住靠近你這邊的蓋緣，側身開蓋子，防止被冷卻水噴到。

注意

當引擎是熱的時候，千萬不要碰觸到水箱，即使微溫狀態下的也是。要等到引擎完全冷卻時才可以打開水箱蓋子或修補水箱等其他零件。不過別因此被被冷卻系統嚇到，當引擎是全冷的狀態時，打開蓋子是十分安全的。

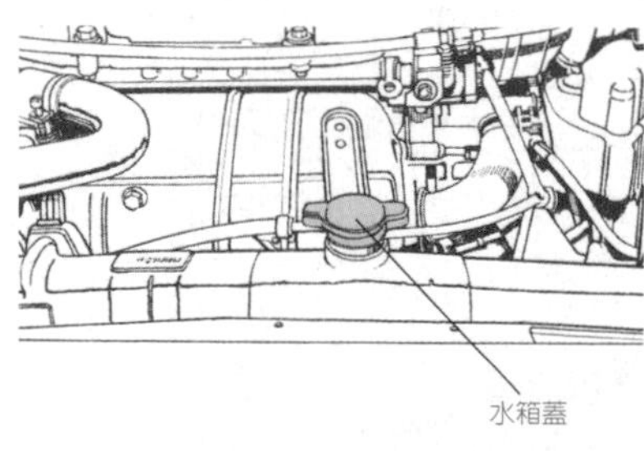

▲水箱位於引擎區的前緣，它的蓋子讓你很容易將它認出來。在引擎沒有完全冷卻時，記得用一塊抹布來擋住蓋口，預防噴出來的狀況。

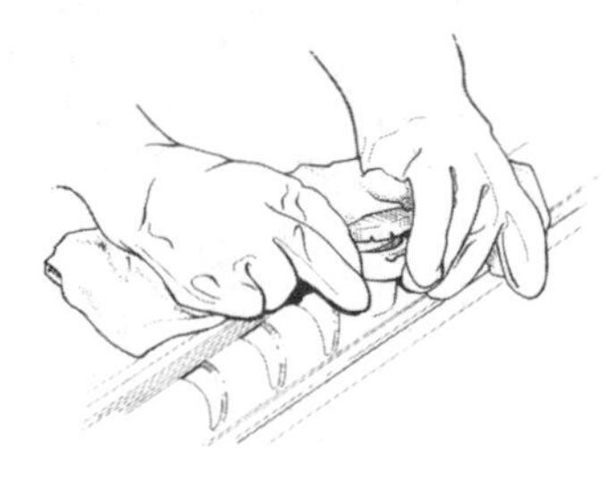

▲打開蓋子時，需把蓋子開向另一邊，避免裡頭的冷卻水噴出來濺到你，但這情況只有發生在引擎沒有完全冷卻時，記得用一塊抹布來擋住蓋口，預防噴出來的狀況。

■水箱管

水箱兩邊延伸出來的兩條管子即是水箱管。一條在上方，另一條在下方，水箱管把熱的冷卻水送回水箱降溫。沿著上方水箱管可找到引擎，下方水箱管則引導冷卻水至水幫浦，接著經過引擎循環，最後由上水管再回到水箱。

注意水箱底下突出，有個用栓子拴住的排水孔。當你查看使用手冊確定清潔水箱的時間時，請修車技師打開排水孔排出冷卻水。

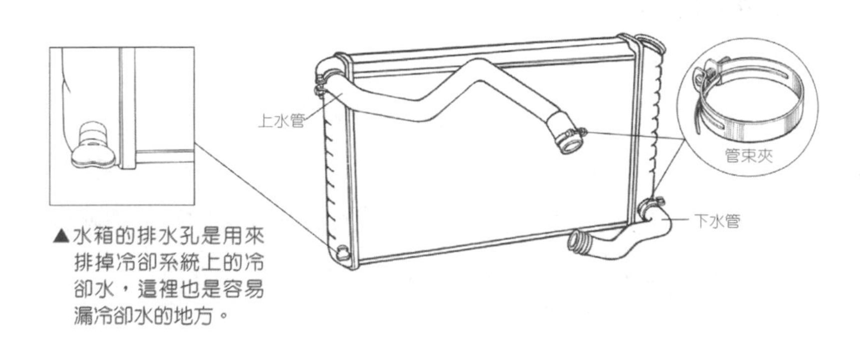

▲水箱的排水孔是用來排掉冷卻系統上的冷卻水，這裡也是容易漏冷卻水的地方。

當引擎冷卻時可以壓壓水箱管，兩條水箱管應該都要是飽滿堅固的。同時查看固定水箱管的圈環，它是螺絲型圈環，需要以平口螺絲起子固定和鬆開。

▲蓋子上的字提醒你不要在引擎沒有完全冷卻之前把蓋子打開。

■副水箱

現代的車大都有副水箱（也可叫做冷卻水儲存槽），它位在引擎的旁邊，是個裝有綠色或橘色液體（冷卻水）的透明容器。一條水管由水箱上方接到副水箱，而另一條水管則從副水箱連到其他地方去。當冷卻水愈熱膨脹，過多的冷卻水讓水相裝不下，便沿著管子流至副水箱。當冷卻系統降溫，冷卻水收縮，水箱減壓後再把在副水箱裡的冷卻水吸回去。萬一副水箱過滿，冷卻水就會往另一條管子流出來，這可能會讓引擎區濺滿了冷卻水，但總比塞在冷卻系統中流不來而可能引發爆炸的情況要好得多。

檢查一下，確定冷卻水的量是否適當，不要過多或太少。查看副水箱外的刻度是在Full（滿）、Hot（熱）或是Empty（空）、Cold（冷）的地方。例如引擎是冷卻狀態時，冷卻水的位置應該是在靠近Empty（空）、Cold（冷）的刻度上。

■水溫感知器

有兩個水溫感知器管理冷卻水，一個在水箱，另一個在引擎。當你啓動引擎時冷卻水是冷的（環境的溫度），這時儀表板上的水溫刻度表指針是在最下方，當你暖車時冷卻水的溫度也就會漸漸升高，水溫感知器就會傳達這個訊息到儀表板，指針就會慢慢地由Cold（冷）升到中間（剛好）。如果你的指針進入熱的區域，表示引擎過熱，當然也有可能是水溫度感知器壞了。

檢查冷卻水

記得冷卻系統是在緊密空間循環的，不需要多加冷卻水進去，除非冷卻水經常處於過低狀態，同時查看冷卻水是否有滲漏情形。做這項檢查前要先確定引擎是冷卻的。

工具和裝備

- 塑膠手套
- 水箱精
- 塑膠碗或塑膠容器
- 漏斗
- 水（自來水亦可）
- 乾淨的抹布
- 水箱精測試器（汽車材料行有賣）

1.檢查副水箱

查看副水箱的冷卻水是否有在Min（最少）或Cold（冷）的位置，刻度在外部。

2.打開水箱的蓋子

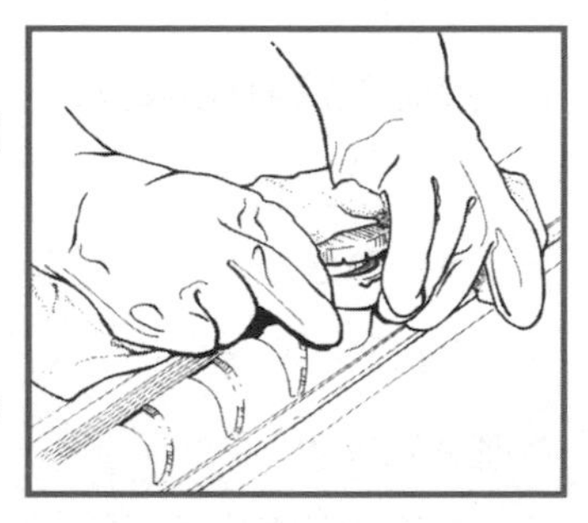

帶上塑膠手套，遵照著80頁的指示小心操作。

3.檢查水箱的冷卻水量

冷卻水應該要離水箱頂約5公分左右的位置。

➢ 如果副水箱的冷卻水量和水箱的冷卻水量沒問題就把蓋子蓋回去。

➢ 如果冷卻水的水量在副水箱沒問題，但是在水箱卻不夠，或是相反的情況，那麼連接副水箱和水箱之間的小管子可能塞住了，請修車技師把管子拿出來清洗檢查。

➢ 如果冷卻水的水量在副水箱和水箱均過低，把蓋子蓋回去，備齊上述裝備，並依下方所述進行。

4.調冷卻水

倒一些水箱精到塑膠容器裡，並加上同份量的水調和。

5.試冷卻水

用水箱精測試器沾調過的冷卻水，這調劑應該是在0°C的濃度。

6.調整冷卻水的濃度

若冷卻水的濃度低於0°C，需再倒一些冷卻水調過；如果冷卻水的濃度高於0°C，需再加一些水調過，一直調到冷卻水到達正確的濃度。

7.確認該加冷卻水的地方

大部份的車子，冷卻水應該是藉由副水箱進入冷卻系統，然而有些車是把冷卻水加在水箱中，查看使用手冊來確定該加冷卻水的正確位置。

8.加入冷卻水

將副水箱蓋子打開，把漏斗尖端插進蓋子裡，把調過的冷卻水由漏斗小心地倒進去，注意冷卻水在Min（最少）或Cold（冷）的標示處，不要高於或低於此刻度。

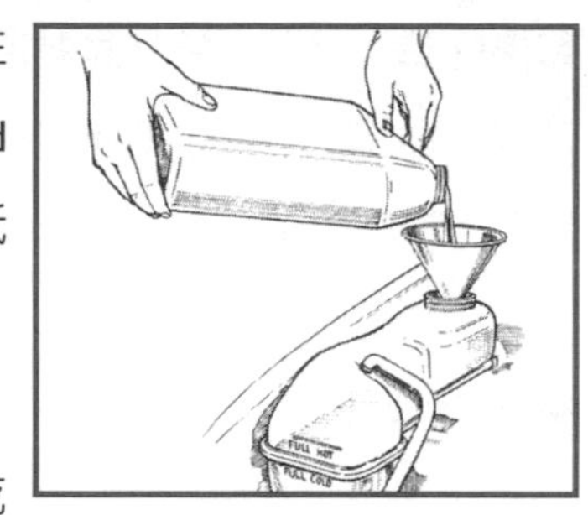

***9.*清理**

加好冷卻水蓋上蓋子，用乾淨的抹布把注水口外緣擦拭乾淨。丟掉剩下的混合冷卻水，把水箱精放在一個小孩拿不到的地方。

■風扇

車在行進時，風進入水箱幫助冷卻水冷卻。當你塞在路上，車子走走停停，風扇在水箱後面，風從後方進入水箱，它是唯一能使你的車不過熱的裝置。

風扇背面通常連到水幫浦，在舊型的車裡，風扇是藉皮帶轉動，如果你是舊型車，可以看到皮帶纏繞在風扇底，記得經常去檢查風扇皮帶，它應該是服貼的，意思是不會太鬆或過緊，而且無破損情形。

在新車中，有的風扇是由馬達和水溫開關所控制。若你的風扇是這種的，在引擎區工作的時候要特別的小心，有時當引擎熱的時候風扇會突然轉動起來，甚至在車子沒有發動的情況下也可能發生，所以把手放在靠近風扇的地方工作之前，要先確定引擎是冷卻的。

■水幫浦

水幫浦將冷卻水由水箱經由下方水箱管送到冷卻系統循環，沿著下方水箱管即可找到水幫浦。

檢查水幫浦是否達到最佳效能很簡單，可把雙手放在葉片上慢慢旋轉它（沒有危險，因為引擎是冷卻的，不會有任何無預期裝置開始運作），如果葉片可輕鬆轉動就表示水幫浦沒有達到最佳效用，可能是支撐物或墊片有破損。諮詢修車技師應該如何處理。

■節溫器

這個小的零件讓引擎很快的暖了起來，增進引擎的效率，對省油也很有貢獻。節溫器在引擎旁邊，是一個熱感應器。你無法用肉眼看到，但沿著上方水箱管可以找到，它附在引擎邊一個出水接頭的零件上。

當你剛啓動的車子時，引擎是冷的，節溫器的活塞是關著的，避免冷卻水的流動。在引擎附近的冷卻水，因為汽缸點火，引擎開始快速加溫，當冷卻水暖了，節溫器慢慢地開始打開，允許冷卻水經過水箱，當引擎熱起來時，節溫器便完全打開讓冷卻系統可以完全的運作。

所以，冷卻系統不光只是冷卻系統，也是引擎加熱系統，讓燃料有效轉換動能。

有時節溫器稍微不靈光，無法有效地開或關，即加熱和冷卻的動作發生問題，如果你發現車內的溫度沒有提高，或是你的引擎有過熱的情形，請修車技師檢查節溫器。

冷卻系統檢查表

檢查項目	如何做
冷卻水	冷卻水應該要達到約離水箱頂部5公分的地方，副水箱的冷卻水要到達Min（最少）或Cold（冷）的地方，如果不足，就要加冷卻水。
風扇皮帶 (如果有的話)	拉或壓時，不該拉超過1公分，檢查看有沒有任何破損之處。
水箱水管	應該很有彈性且沒有漏洞，檢查尾端是否有漏冷卻水。
水箱	檢查水箱的外緣有沒有綠色的斑點，如果有，可能是漏冷卻水的徵兆，把任何在水箱外部的污垢都擦掉。

■暖氣加熱器

暖氣系統與冷卻系統其實是使用同一個系統，道理很簡單：冷卻水經過引擎而變熱，在回到水箱冷卻之前，會繞道到一個叫暖氣加熱器的小水箱。暖氣加熱器吸收了部份冷卻水的高溫而產生熱能，當你有涼意想取暖，按下車內的暖氣按鈕，暖氣機風扇馬達（或是電風扇）會把風吹經過暖氣加熱器，使你舒適地享受暖氣。

■冷氣機

若車子有裝設冷氣機，千萬不要碰觸，因為冷氣機是個高壓裝置，只有受過專業訓練的人可以處理。你可以參考旁邊的圖，在引擎區裡找冷氣機的位置。

暖氣系統

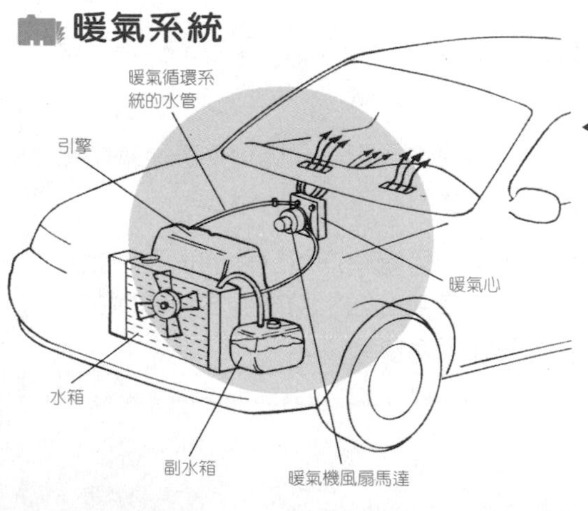

◀熱的冷卻水藉由管線從引擎流經隔開引擎區和乘坐區的防火板附近，當你在車廂內按下暖器按鈕，暖氣機的風扇馬達就開始起動，把吹過熱冷卻水的熱風推進去乘坐區。

冷氣系統

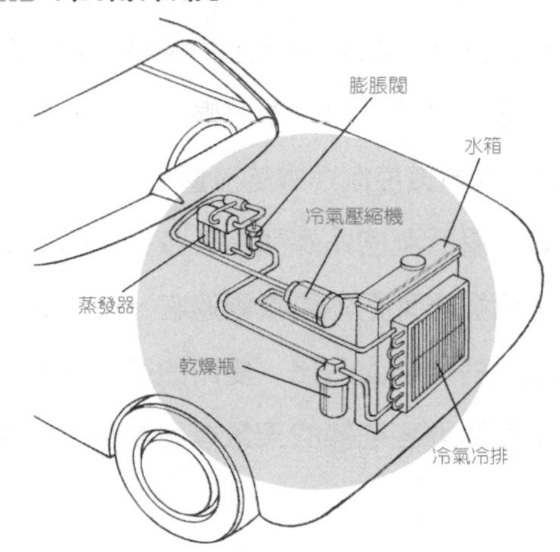

◀冷氣系統吸收車內的熱氣，這是一個高壓系統，而冷凍劑也不可直接碰觸的，只能留給專業的人去處理。

冷媒很有趣，為什麼？因為它容易被壓縮而且沸點極低，對於冷卻車內空氣很有幫助。

冷氣系統的蒸發器位於引擎後方，它是一個熱氣交換裝置，它允許冷媒吸收周圍的熱氣。依照物理原理，液體蒸發為氣體需要吸收相當多的熱能，而冷媒燃點低，一點點熱能便可輕易將液體轉換成氣體。

冷媒變冷又是一個另外的過程（編按：冷媒是一種容易吸熱變成氣體，又容易冷卻變成液體的物質）。**高溫的氣態冷媒經過冷氣壓縮機，成為高壓高溫的氣體，高壓高溫的氣體再進入熱交換器（熱交換器很像水箱，在水箱的前面也可以稱為冷排）。當空氣由車前方進入，被水箱後的風扇吸入經熱交換器，冷卻後的冷媒回到液體的狀態。**

儲液筒（也稱乾燥瓶，俗稱黑瓶子亦有人稱白瓶子—視瓶身顏色而定）接受從熱交換器而來的高壓低溫的液態冷媒，它把所有剩下的汽態冷媒排除，只留下液態的冷媒，並傳送給膨脹閥，膨脹閥在蒸發器的外面負責控制冷媒的流量。

在蒸發器裡面，現在低壓低溫的冷媒開始吸收從外面而來的熱氣，一個風扇馬達在蒸發器外把熱風吹經過它，在蒸發器裡的液態冷媒吸收從這經過的熱能而汽化，變冷的空氣就進入了你車的內部，這就是讓你和乘客在熱的天氣裡有很舒服溫度的原因。

你車裡應該是使用不破壞自然環境的冷媒，如CFC-free、R-134a，或一般所知叫Freon的舊型R-12冷媒。過去，當學者發現Freon會破壞臭氧層，Freon便被禁止使用。事實上，Freon在1995年已停止生產，若你的冷氣使用Freon，市面上仍可買到一些存貨，但價格不便宜。R-134a冷媒無法使用在Freon的車上，可以請修車技師把車改成使用CFC-free冷媒，但最經濟的方法還是少用冷氣。

車言車語

每個星期都要讓冷氣吹個幾分鐘，即使天氣不冷，或者你想吹暖氣。為什麼呢？如此才可以使管子裡的冷凍劑循環流動，保持冷凍劑和橡皮封蓋不會乾掉。

機油

機油是引擎生命的源頭，它潤滑引擎等零件，並減少摩擦時產生的熱能，以達有效運轉。使用不適合或不純淨的機油易使零件互相磨損的機率提高，長期下來，將需要花大錢修理引擎。

定期更換機油是使引擎有效運轉、延長壽命的最佳方法。你應該每5000公里或是每三個月做一次更換機油的動作，或查看使用手冊的建議而定。

■肉眼可辨識的

你無法由引擎蓋下看到機油潤滑的情形。當機油停止循環時，會留在油底殼裡，油底殼位在曲軸的下方，也就是引擎下面。機油幫浦在靠近油底殼的地方，或就在油底殼裡，它把機油從油底殼送到引擎，再送回油底殼。途中，機油會經過濾清器，濾清器是一個圓柱型的鐵環，上頭緊密的皺摺紙片用來過濾機油的雜質。

濾油網應該在每次換機油時更換一次，汽油幫浦則是持久性的零件，不需要特別擔心，除非你常不定期更換機油與濾油網，使髒的機油阻塞或黏住幫浦閥，一但汽油幫浦不能運作則需整個換掉，無從修理。

■肉眼無法辨識的

引擎室裡的機油潤滑系統，你所需要知道的、能看到的部分，只有機油蓋和油尺。

機油孔是加機油的地方，位置在引擎上方的圓形蓋子（上面會寫著「機油」）。以逆時針方向打開蓋子，蓋子下方應該有個塑膠環，塑膠環可以封住蓋口，避免機油遭到污染，若塑膠環看起來很髒，拿乾淨的布擦乾淨。

稍微瞄一下機油孔內部，可以看到引擎內部，當機油加進去，機油會進入汽缸頭（活塞的位置），接下來到曲軸箱和曲軸，最後到達油底殼。

蓋回機油蓋子，接著找找機油的油尺。油尺有一個彎曲的把手（可能是黃色），上面寫著「機油」或是「油」，找不到的話，請查看使用手冊。油尺是一根長長的細鐵棒，可以讓你伸進油底殼裡查看油還有多少。查看油量，首先要把油尺擦乾淨，放進去、伸到機油孔底部再拉出來檢查，油沾到那個位置就是油量的位置。

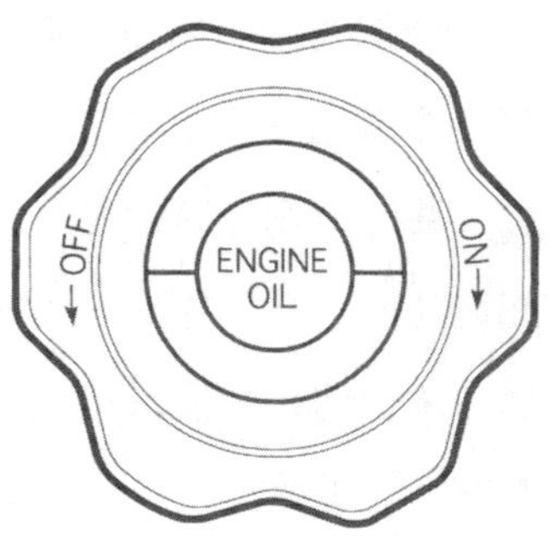

▲加油孔一般在引擎的上方，它的蓋子上會清楚地寫著「Engine Oil」（機油）的字樣。

■選擇正確的機油

選擇正確的機油，第一步就是查看汽車使用手冊，使用手冊會建議哪種機油最適合你的車。

因此，要知道機油包裝上所標示的文字和號碼代表什麼。Flow，油的流動力，換句話說就是油的黏稠度，也就是所謂的黏力。當引擎是冷的，機油較黏稠，當引擎啓動，機油也就熱了起來，比較不黏稠，黏稠度決定容不容易潤滑整個引擎。

也就是說，天氣冷時，需要較稀的油才可以快速潤滑整個引擎，在大熱天裡需要稠一點的機油保持黏稠度。為了方便起見，大部份的機油都是混合型的，如此一來才可以適用在任何季節。

車言車語

如果你的車子是自排車，千萬不要把機油的油尺和變速箱油的油尺混淆，仔細的分辨哪個屬於哪個。有些引擎的油尺上面會寫「Engine Oil」（機油），有些變速箱的油尺上面會寫「Trans fluid」（傳動油）。相較之下變速箱的油尺比引擎的油尺大，入口孔也較大，這是因為機油的加油孔與油尺並不在同一處的緣故。

SAE 5W30和 SAE 10W30是兩種最普遍的房車用油。兩個數字用一個W隔開意思是混合型的油，在冷熱的天氣均可使用。第一個數字越低油就越稀，所以適用於冬天的月份。第二個數字越高，越可以讓機油在高溫中保持黏度。一般人以為W是指重量，其實在這裡是指冬天。汽車工程協會（SAE: Society of Automotive Engineers）是制定這個標示的機構。

機油標籤

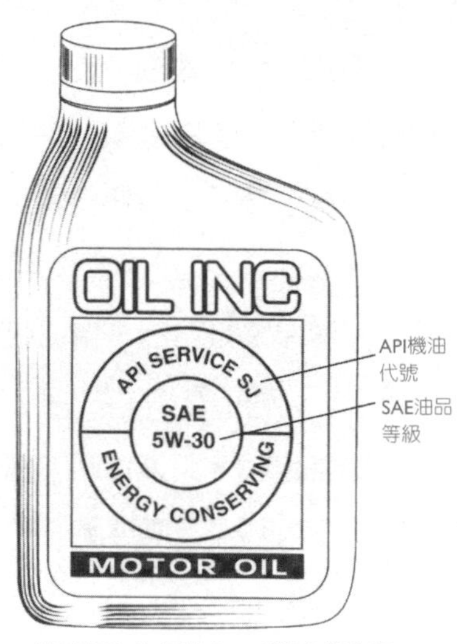

▲機油瓶上的標籤有API機油代號和SAE油品等級，對照你的使用手冊來找出車子所需使用的是哪一種。

例如5W30的機油是比10W30更適合冬天使用，而在較溫暖的天氣，這兩種油可能用起來效果差不多。

總而言之，你仍要使用汽車使用手冊上所規定的那一種機油。如果手冊上推薦的是5W30就應該使用5W30，而不是10W30或是5W40。放一罐正在使用的機油在車上備用，以防不時之需。

機油也被美國石油機構（API: American Petroleum Institute）做系統分類。API機油代號是以油品的各種不同品質分類，例如以添加物來說，有些添加物可以防鏽，有的可以省油，或可以防沉澱等等。

API機油代號表現在尾端的兩個英文字母，倒數第二個字母一般是S（不要購買C開頭的，C是商業用油），最後一個字母則表示那個類型機油的出產年份。每出產一新等級的機油，英文字母就照著順序往後走，例如1952年出產的是SA，現在的出產等級已到SL。

如果你的車不是最近幾年製造的，使用手冊上可能會要你使用SE、SF、SG、SH或是SJ等級的機油。可以找比你的型號更新一級的機油，意思就是說找比你的手冊所推薦的更後面一點的字母的機油來替代。

車言車語

在前一個單元中，你學到加自動變速箱油，由Empty（空）到Full（滿）約要0.5公升。同樣應用在機油上，引擎的油尺刻度距離較遠，所以由Empty（空）到Full（滿）需要1公升的機油。

檢查機油

檢查機油的品質和油量的最簡單方法就是使用油尺。這個動作只須花兩分鐘就可完成，兩分鐘所需要的只有一塊塊乾淨的抹布。若檢查的結果是需要換機油，就要到後車箱，把汽車工具組裡的漏斗和機油找出來。

工具和裝備

- 乾淨的抹布
- 漏斗
- 機油（使用手冊上所推薦的那種）

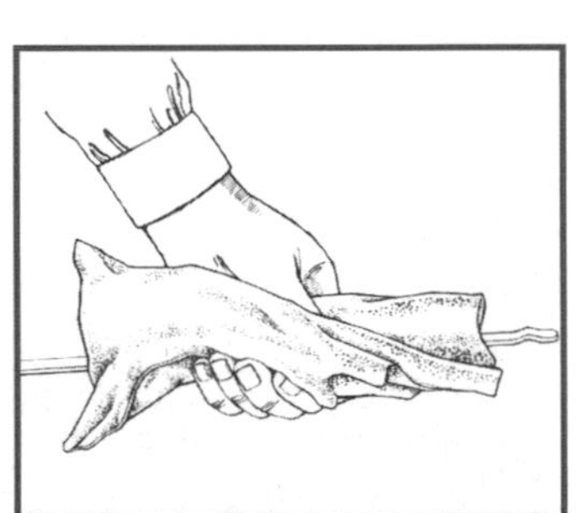

1.把車停在平坦的地面

如果你剛開完車，最好停個幾分鐘後再檢查機油，如此可讓你的機油回到油底殼，讓你能做較精確的檢查。

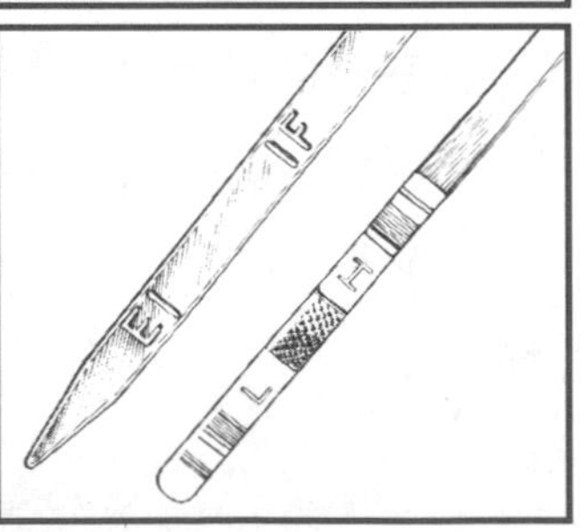

2.拿出油尺

可能會有油痕，用抹布把它擦乾淨。

3.檢查油尺

油尺尾端會有兩個字，L（Low低）或E（Empty 空），上面有

H（High高）或F（Full滿）。

4.把油尺放入洞口

把它放到最底下後再慢慢拉出來。

5.檢查油位置

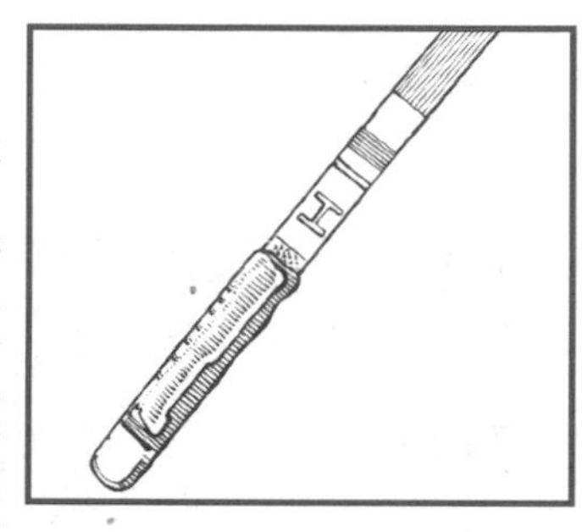

由油底殼沾出來的油應該是在L到H之間的四分之三處，如果不是，需要多加一些機油。也應該檢查一下機油的品質，顏色應該是淺咖啡色，如果比較深，應該更換機油。

➢如果油沒問題，就完成了，把油尺放回去即可。

➢如果需要加更多的機油，開始進行下面幾個步驟。

6.移開蓋子

機油孔一般是在引擎上方，把蓋子以逆時針方向轉開。

7.加引擎機油

將漏斗尖端放入機油孔，倒機油進去，不時用油尺檢查看是否到達了適當的位置量，注意不要注入過多。

8.整理乾淨

移開漏斗，機油孔邊緣用抹布擦乾淨，再把蓋子蓋回去，把漏斗用抹布擦乾後和機油罐一起收到工具箱內。

檢查油的品質

顏色	代表的狀況
淡咖啡色	油很新、乾淨
黑色	油已經髒了需要換
紅色	變速箱油漏到油底殼，請修車技師幫你檢查漏油情況
牛奶狀	冷卻水可能滲入油底殼，請修車技師幫你檢查漏油情況
油上冒泡	冷卻水可能滲入油底殼，或是機油非常髒，應該趕緊更換機油，如果問題還是沒有解決，請修車技師幫你檢查漏油情況

皮帶和管子

有許多皮帶和管子糾纏在引擎裡，每一個都有專屬功能，甚至更多。當你找不出引擎的毛病時，不要忽略了皮帶和管子。皮帶和管子佔引擎室一大部份，皮帶斷了、管子滲漏或是燒壞都有可能。

■皮帶的傳動

皮帶幫助傳送動力，冷氣、發電機、曲軸、方向機幫浦、水幫浦等，全都是使用皮帶運轉。皮帶分為舊型的V型帶，或是較新的、可以維持較久的曲型帶。

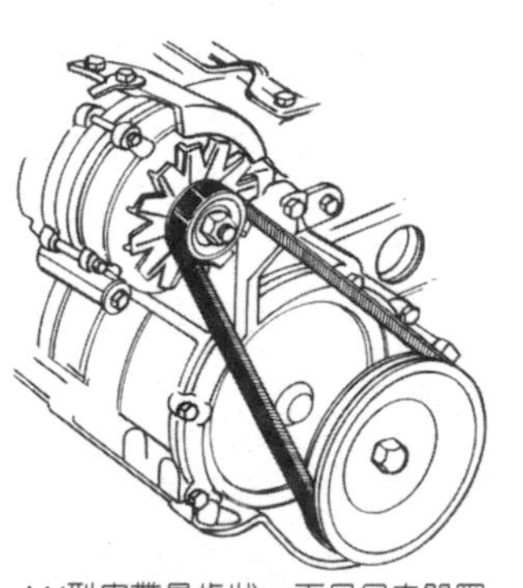

▲V型皮帶是齒狀，而且只走單圈。

不論是哪一種，皮帶不應該太緊或太鬆，太緊會導致緊繃而運轉不順，太鬆又無法執行功用。無論太緊或太鬆都會使皮帶斷掉，若皮帶斷掉，需要更換。新皮帶會漸漸變鬆，所以在駕駛幾週後要把車帶進車廠，請師傅們再把皮帶拉緊。

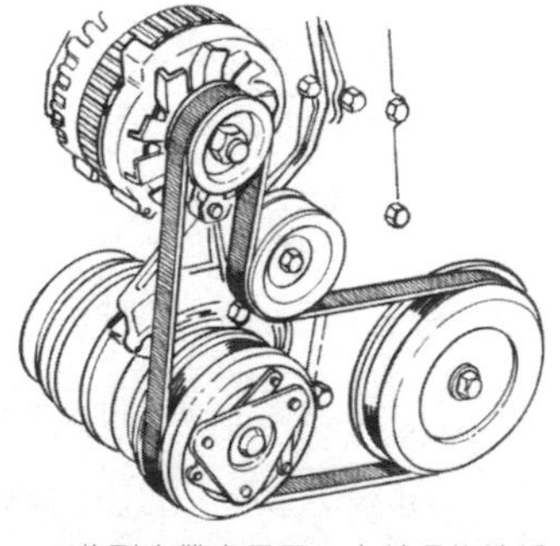

▲曲型皮帶寬且平，有較多的轉折。

有一些車子有「正時皮帶」，正時皮帶用來拉動曲軸（引擎的部份），然而，你無法掌控正時皮帶的狀況，它通常用塑膠套罩住防止空氣和灰塵進入。檢查汽車使用手冊以便了解何時該要換正時皮帶，換正時皮帶需要不少錢，但是總比換引擎零件便宜一些，如正時皮帶不動了，車子就發不動。

■管子的連結

管子輸送液體，所以有非常多種軟管類型：水箱管、冷卻水管、歧管、汽油噴嘴管、暖氣管等等。它們有不同的顏色和尺寸，用來固定住管子用的管束夾也可分類。例如之前提過的，兩個水箱管被螺絲型管束夾固定住，而扭轉型管束夾和線型束夾通常是用在汽油管線上。

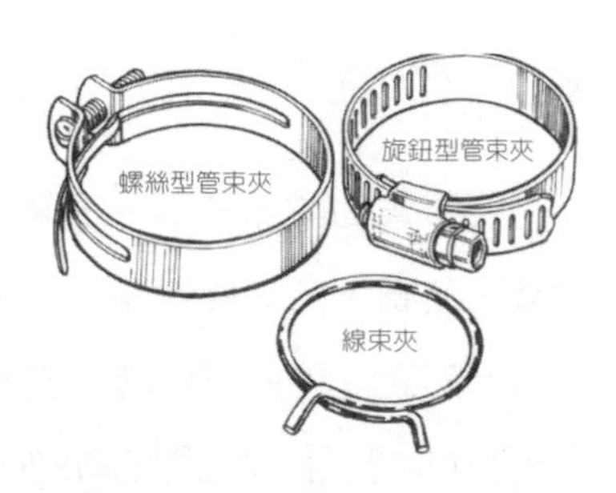

▲管束夾有各種不同的形狀和大小，經常不同設計的管束夾可以讓你辨識到這管子是運用到哪一個系統上。

有問題的或舊的管子容易裂開，每個月需固定、快速的檢查一次，避免發生狀況。檢查管子是否有磨損或是裂痕，例如壓壓管子的尾端出口（管束夾在的地方），應該是硬的和圓的，若是扁的或是有缺口，要馬上修理或換掉管子和管束夾。

記住，高溫高壓時不可以修補冷氣系統和汽油噴嘴的管子。部份修理管子的事留給修車技師處理。

液體儲存槽

適當保持重要油液的量是最簡單的維修法之一，它不會花你太多的時間和金錢，並減少引擎大修的機會。

■自動變速箱油

若你的車有自動變速箱，就有自動變速箱油，應當要定期檢查油量和品質。做法很簡單，把車子停在平坦的路面上，讓引擎空轉，然後使用動力方向盤油的油尺來檢查油量。請看第75頁的詳細指示。

■手排煞車油

煞車油在煞車油壺裡，位於引擎的後面、雨刷的下面，煞車需要高品質的煞車油。請看第104頁得知如何檢查和加煞車油。

■離合器油

如果你的車是手排的，需要定期的檢查離合器油的油量和品質。離合器油在離合器油缸內靠近引擎背面、在雨刷的下面，通常很接近煞車油缸。請看第74頁得知更多的資訊。

■冷卻水

冷卻水，正如之前所討論的，它是水箱精與水的調合，用以環繞冷卻系統，把熱帶離開引擎。如果冷卻水太少，引擎會有過熱的危險，要檢查這些冷卻水很容易，請參考第83頁。

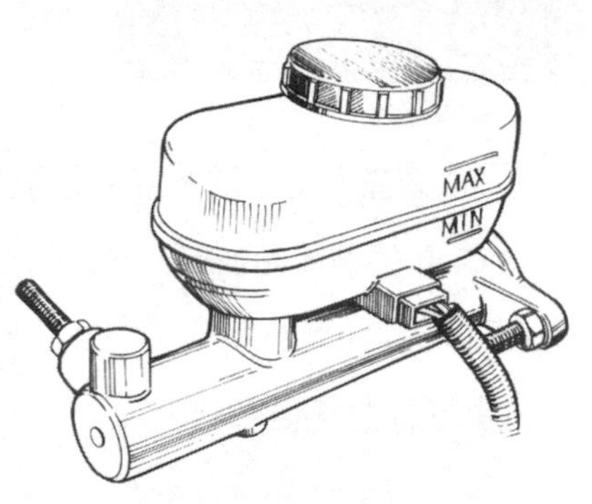

▲煞車總泵是位在引擎的背後，煞車油從這個儲存槽流經煞車油管到煞車。

■動力方向盤油

動力方向盤是一個潤滑系統，它讓你容易轉動方向盤，如果你曾經開過沒有動力方向盤配置的舊車，你就會感謝這項設計使你開你車容易多了，也就會較有動機來檢查你動力方向盤油是否足夠。

動力方向盤油通常可以用到車子壽終正寢時，但是最好還是定期檢查一下。請看第106頁得知詳細資料。

■雨刷水

雨刷水可以使雨刷避免蚊蟲、灰塵、油污、冰、殘雪和其他雜物的視覺干擾。每個星期檢查雨刷水，確定有足夠的量可使用，若雨刷水容器空了，也會導致危險駕駛。請看第113頁以得知詳細資料。

車言車語

很多的液體容器有油尺，油尺可以使你容易的測量到很難到達的容器底部。你只要簡單的把它拉出來擦乾淨再放進去再拉出來檢查。唯一所需要的工具就只有抹布，為什麼你不能讀第一次所拉出來的油量？因為你已經開你的車到處走，油已經在容器內搖晃過，所以它的沾油區會高過實際的量，應該把你的量油棒擦乾淨後再插進入平穩的液體以讀到正確的油量。

在引擎蓋內的各種蓋子

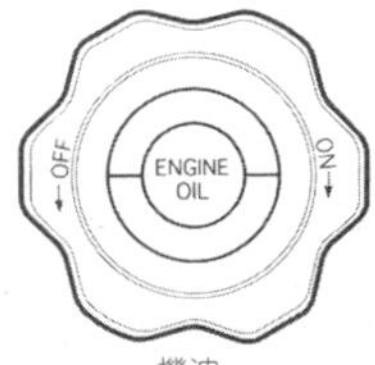

機油

水箱

煞車油

動力方向盤動力油

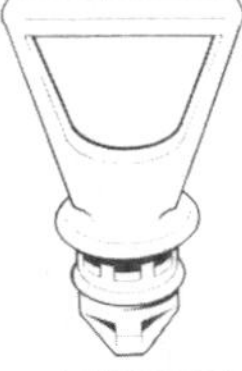
自動變速箱油

雨刷水

離合器油

檢查煞車油壺

煞車油有點麻煩，如果空氣、濕氣，或是髒東西進去煞車油管，煞車油不會有效運轉，容易有意外發生。所以要確認煞車油的品質和油量，動作要快速，並確實保持油壺乾淨。

工具和裝備

- ●乾淨的抹布
- ●平頭的螺絲起子（若蓋子需要撬開）
- ●煞車油（使用手冊上所推薦的）

1.找到煞車油壺

可以先認出它的蓋子。（請看第103頁）

2.檢查煞車油

把煞車油缸的表面用抹布擦乾淨，再打開蓋子（有些煞車油壺是透明的，所以不用把蓋子移開即可檢查油量）。煞車油應該在離油箱口約**0.6**公分的位置。

把手指深進去沾一下，摩擦手指，看看是否有砂礫感，是的話就該換煞車油。

➢如果煞車油狀況良好，把蓋子蓋回去。

➢如果油量不夠則需要多加煞車油。

3.加煞車油

緩緩地把煞車油倒進煞車油箱裡，若猛力把煞車油倒進油壺而濺起油花，會易使煞車油吸附濕氣，而造成煞車油生鏽或是煞車不良的問題。當油量在距離油壺口0.6公分的位置時便停止加油動作。

4.蓋回蓋子

使用乾淨抹布擦拭蓋子內緣，再把蓋子蓋回。

5.丟掉剩餘的煞車油

若煞車油有剩下，仍要把它丟掉，因為拆瓶的煞車油會吸附空氣中濕氣，留下它是沒有用的。

檢查動力方向盤油

有些動力方向盤油壺是透明的，若你的油壺是這類的，可以直接察看油量。油量應該要離油箱口約5公分的位置，顏色必須是透明的或是黃色的。

若你車子的動力方向盤油壺不是透明的，就應該打開檢查，使用油尺依照下列的幾個步驟進行。

工具和裝備

- 乾淨的抹布
- 漏斗
- 動力方向盤油（使用手冊上所推薦的）

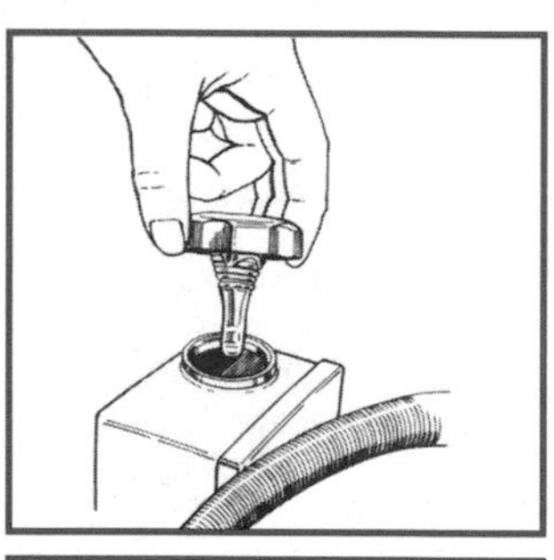

1.找出動力方向盤油壺

通常在靠近引擎的前方，像一般的油箱蓋一樣，但貼有標示，若還是找不到，請查看使用手冊。

2.打開蓋子

油尺直接連在蓋子下方，用抹布把油尺擦乾淨。

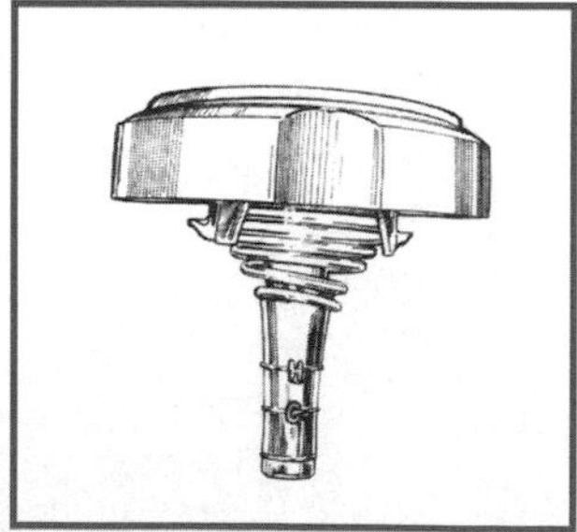

3.檢查乾淨的油尺

油尺上有兩個刻度。在最底下的刻度表示當方向盤油冷卻的時候，油量應該到達的位置，接近蓋子上緣的刻度是表示方向盤油遇熱膨脹的時候，油量應該到達的位置。

4.檢查方向盤油

把油尺深入油箱內，盡可能深進最底部，再拿出來，看看這油尺是否在適當的刻度上，而且液體應該是透明或是黃色的。

- ➢ 若沒問題，再把油尺放回去蓋好蓋子，完成任務。
- ➢ 若液體並不是透明的或是黃色的，讓修車技師檢查評估為何有此狀況。
- ➢ 若油量不夠，需要加方向盤油。

5.加足油

把漏斗的尖端放入加油孔，將方向盤油倒進去，同時用油尺檢查是否到達了適當的刻度，注意不要加過量。

6.蓋回蓋子

加到適量高度時，把蓋子蓋回去。

7.將剩下來的方向盤油保存好

蓋好蓋子，把它放回工具箱內。

注意

若方向盤突然很難轉動，可能是方向盤油沒了，或者是轉動自動方向盤的皮帶卡住了，不論是哪一種情況，要請修車技師處理一下。雖然方向盤失去『動力』但仍然可駕駛，只是轉彎時要多用點力，把車努力開到修車場去吧。

引擎電氣系統

多數在1986年之後製造的車子都使用電腦控制，以術語表示，就是電子控制單位(ECM: Electronic control module)，或叫做電子控制單位(ECU: Electronic control unit)，這單位通常是裝設在引擎後面。

感應器遍及引擎，傳送引擎的狀況和資料到電腦上，大部份的車有至少六個感應器。第一個感應器控制冷卻水的溫度；第二個感應器測量排氣系統的氧氣含量；第三個檢測煞車和抓地力；第四個檢測油門的節氣門；第五個觀察變速箱；第六個則告訴電腦空氣和汽油進入汽油噴嘴時的狀況與油量。

修車技師是最適合為你的電腦系統做服務和評估的人，他有專門的儀器來評估電腦系統和感應器，並分辨任何問題。

高科技並不代表不會出錯，如引擎蓋下的其他物件一樣，感應器、電子控制單位（ECM），或是電子控制單位（ECU）也會損壞。車子經過高速公路或是街道時所產生的震動、泥土和其他物質的累積與引擎所產生的極大熱能，都可全歸咎引擎電路的損害。例如引擎怠速不順可以清楚的感覺到，但是只有特別的診斷儀器，例如廢氣分析器，才可把問題找出來。

廢氣控制系統

隨著大眾對環境污染、溫氣效應和全球暖化等問題的日益關注，汽車製造商也開始發展不會污染環境的汽車。廢氣控制系統就是其中一種設備，它是用來降低引擎和排氣管所排放的廢氣污染量；同時，它還有另一個功能，就是讓車子運轉更順暢。

目前所使用的排氣控制系統有三種，油氣控制系統（EEC）、廢氣再循環（EGR）系統，和曲軸箱（PVC）系統。

油氣控制系統（EEC）能將油氣導入至活性碳罐內，這些油氣就會在引擎內燃燒，而不會被釋放到空氣中。EEC設置在引擎的前方，你可以看到幾根小管子從該裝置伸出來。

廢氣再循環系統（EGR）在進氣或排氣歧管的圓形金屬外蓋上。它引導廢氣回到引擎再次燃燒，而連接的管子如果有碳沉澱物阻塞，引擎可能會怠速不順或是熄火。

曲軸箱系統（PVC）靠近引擎主體附近，它有兩個功能：省油和降低污染。曲軸箱系統（PVC）雖是一個小零件，卻能發揮大功用。從引擎跑出去的氣體，會被它引導回到進氣歧管，然後再次燃燒，讓你的車更有力，並且能把有毒氣體攔截破壞，避免排到空氣中。

排氣控制系統的保養，除了按照車廠指示（見第110-112頁），定期更換曲軸箱強制通風閥之外，你不太需要自己動手。事實上，若沒有汽車維修人員的幫忙，你也很難看出這些裝置是否運作正常。若你有興趣知道這些裝置的位置，可打開引擎蓋查看；如果你無法找到，可以請汽車維修人員幫你指出來。

檢查PVC閥

排氣管受污染或是過度使用時，PVC閥可能會阻塞，車子會運轉不順，甚至無法發動。檢查和更換PVC閥是否正常運作非常容易，並不是每輛車都有PVC閥，查閱汽車使用手冊，或向修車技師詢問車子是否有PVC閥。

工具和裝備

- 乾淨的抹布
- 新的PVC管子（和原來的一樣的尺寸）
- 新的PVC閥（使用手冊上所推薦的）

1.停車

把引擎保持在怠速運轉的位置。

2.找出PVC閥的位置

有汽油噴油嘴的車，它在進氣歧管或是真空管的蓋子裡

（引擎的上方），若找不到PVC閥，則先找PCV管。PCV管從PVC閥延伸到引擎，若還是找不到，請查看汽車使用手冊。

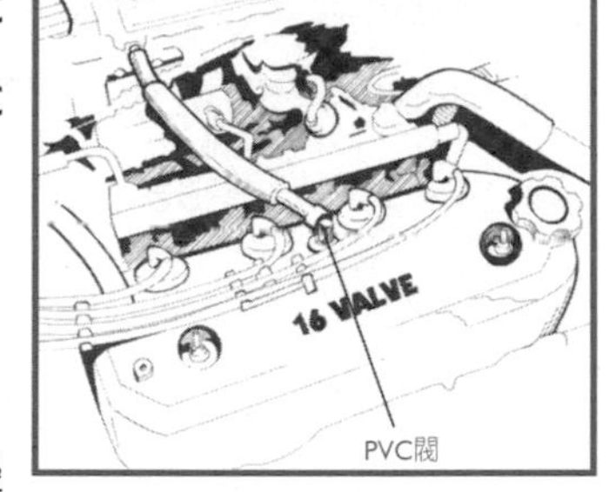

3.把PVC管移開

PVC管一邊接PVC閥，另一邊接引擎，注意一下連接位置，因為還要把它放回去。

4.把管子擦乾淨

使用乾淨的抹布擦拭管子外緣。

5.試一下管子

把手放在管子其中一頭的出口，深呼吸後向另外一頭吹氣，確認氣體是否由另一端出來？有無任何黏稠物噴濺到手？

➢若有塞住，或感覺管子脆脆、有破損的話，則需更換。

➢若沒問題，則不需要更換新的PVC管。

6.把管子連接到引擎

連接管子（新的或舊的）到引擎（不是引擎閥）。

7.把PVC閥移開

把PVC閥由進氣歧管或是從閥蓋上移開。

8.試PVC閥的狀態

連接管子尾端至PVC閥，用手指測試PCV閥尾端。

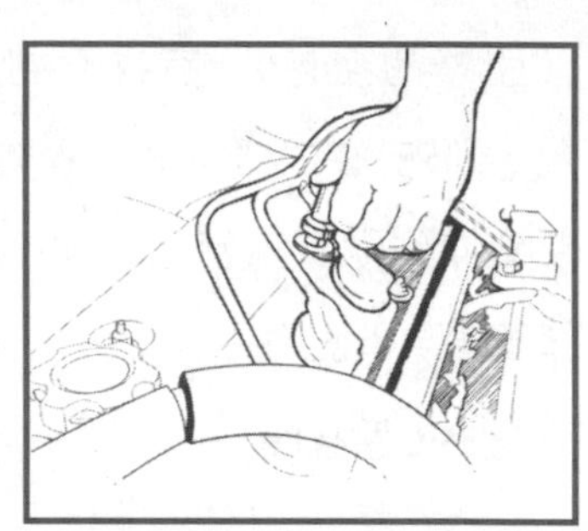

➢ 若覺得有吸力，PVC閥則是好的，只要把它放回閥蓋或是進氣歧管就完成了。

➢ 若不覺得有吸力，就必須要更換PVC閥，並繼續下一個步驟。

9.裝上新的PVC閥

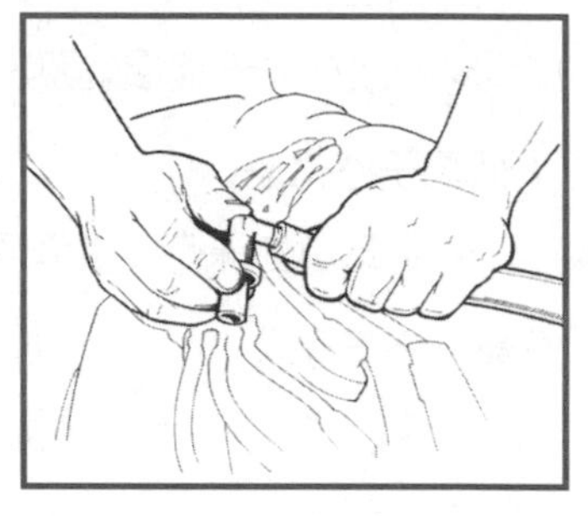

把PVC閥由管子上移開，裝上新的PVC閥，然後小心的把另外一頭壓回閥蓋裡。

雨刷

雨刷應該歸到引擎區的這個區域，它和引擎區裡的物件同樣都需要注意及保養。

雨刷經常被忽略，試想當下驟雨或颳起大風雪，卻只能從雨刷細縫中看到一點點視線是件多困擾的事！新的雨刷並不貴，而且容易安裝，為防範未然，從現在起，每個春天和秋天都應更換雨刷。

當你的車在修車廠時，請修車工人幫你換上雨刷很容易，但是這件事也可以很容易的在家完成，你可以在任何的汽車用品店裡買到雨刷，雨刷有各種不同的長度，所以當你去買雨刷之前，要先量你雨刷的長度，要注意有時候兩邊的長度並不同，如果你的後窗有雨刷也要量。

■雨刷水

不論是在艷陽高照的夏天，或是冰雪紛飛的冬天，雨刷水應常保持在滿的狀況，千萬不要在沒有雨刷水可用時，嘗試把頭伸在車外開車。

有兩種雨刷水，冬天的雨刷水通常是藍色的，使其在高緯度地區不會結冰，夏天的雨刷水是粉紅色的，可以除去死昆蟲和髒污。若你的雨刷水是夏天的，記得在冬天來臨之前換掉，若夏天用的雨刷水留到冬天用，可能會使雨刷水因凝固而裂開。

雨刷水槽是透明的，通常在引擎區前方的角落，蓋子常是白色或是藍色的。另一個透明水槽是防凍槽，是用來裝防凍劑用的，防凍劑通常是綠色或粉紅色，雨刷水是藍色或是粉紅色，一定要分辨好這兩個不同的槽。

可放一桶雨刷水在後車廂，以防不時之需。

▲避免噴濺到別處，加雨刷水時請用漏斗。

■雨刷水噴頭

有時候即使雨刷水是滿的，但雨刷仍得不到充足的水份清潔車窗，為什麼？可能是裝在引擎蓋上的噴水噴嘴被塞住了，或是安裝不當，可使用針狀物，或是吹一吹來使它暢通，若塞得太厲害了，要請修車廠處理，裝噴嘴時，用手指或鉗子小心扭轉。

Chapter 3

車底部

輪胎

避震系統

方向盤系統

煞車系統

排氣系統

車子最主要的部份不全在引擎區，車子的底盤也是一大重點，如果想要看一下車底盤的部份，包括輪胎、煞車、避震系統和排氣系統，建議你最好先換上工作服後，再爬到車底下去。另一個較實際且能保持乾淨的做法，就是請你的修車技師在將車子舉起來檢視的時候讓你看一下車底，這樣你就可以看清楚底盤的前面、後面和裡面的東西。可以請你的修車技師把輪胎移開，讓你來清楚看見避震器和煞車系統，並且讓你的技師陪你把車繞行一次來檢查是否有任何的零件有磨損和破裂狀況，如果你在事先有讀過這一章，就可以聽懂他所說的內容。

輪胎

無論是在高速公路、石子路上行駛，或是經過坑洞，輪胎對付這些路的能力，視輪胎如何製造而定。

多年來輪胎製造商使用多方面的電腦分析來測試輪胎所必須承受的壓力，每一種不同的輪胎以不同的速度和承受不同的重量來測試，結果各種新型輪胎可以適用於任何型號和廠牌的設計且能在任何路況和天氣下行走，要訣是要選擇最適合你車子的輪胎。

■拒絕廣告的誘惑

可以從一些當地的輪胎店拿一些介紹輪胎的手冊，它會讓你感受到，不只科技影響了製造商，廣泛的消費市場也在評估輪胎。手冊提供了具強烈吸引力的資訊：

✓ 方向性胎紋設計
✓ 突出多刺的邊緣
✓ 侵略性胎紋設計
✓ 最佳胎壁造型
✓ 強化角落強度
✓ 超強的乾濕抓地力
✓ 超平穩感受

✔粗面胎紋處理

✔快速回應方向盤的動作

✔驚人的抓地力和控制力

現今市場上有很多品質很好的輪胎，不要忘記了輪胎製造商的競爭是很激烈的，當一個聰明的消費者，你必須不能讓那些廣告誘惑，你所要做的，是到輪胎中心去買適合你車型車號和你駕駛習慣的輪胎。要強調的是，這輪胎必須符合你的「車型、車號和駕駛習慣」。不要被廣告所吸引，那很沒有意義，例如他們會說：「這是最頂級的，每個季節都可用的輪胎，高效能的幅射輪胎，可行駛在郊區任何狀況之下。」

在決定購買時，價格常常是一個重要的因素，但是請不要讓特別的折價商品影響了你的決定，當然好價錢是很重要，最好是買你所買得起的好輪胎，這絕對値回票價。

■輪胎剖析

輪胎使用起來很方便，但是構造卻很複雜，輪胎運轉中必須承載著全車的重量，重量拉扯著輪胎。要承受這些力量，你的輪胎必須是很堅固和靈活的，橡膠可以符合這兩個條件。

平滑表面的輪胎較容易打滑，粗糙表面的輪胎則較穩定，這就是輪胎上面有胎紋的原因，胎紋可以使你平穩地行駛在路面上，胎紋的數目、深度、寬度、間隔和形狀，都會影響到車胎的抓地力。

直接在胎紋下的是稱做幅射層的橡膠輪圈，這個幅射層的材質會影響輪胎的表現和價位。以前是使用很細密的棉織品來當做主要的結構，而現在是使用鋼、纖維玻璃、人造絲和尼龍線。

輪胎的主體一般是指輻射層緣，像輻射層一樣，輻射層緣是由鋼、纖維玻璃、人造絲和尼龍線所構成，輻射層緣給輪胎一個堅固的表面來形成輪胎的形狀（當它充滿氣時就是甜甜圈的樣子）。

輪胎的內圈是鋼圈，用來固定在車上的是胎環，胎環是一個圓柱型的鐵軸，當你把輪胎固定上車就是固定在這胎環上。

像腳踏車輪胎一樣，有一個充氣孔讓你打氣和放氣，充氣孔在輪胎外緣。

輪胎的規格、大小、最大重量承受度和建議的胎壓等等，都標示在輪胎的內部，也就是輪胎壁，所以要好好了解一下輪胎壁上所標示的。

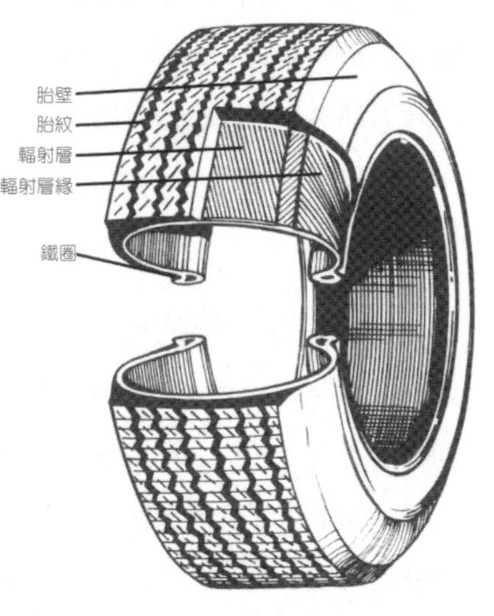

▲像甜甜圈一般的輪胎需要裝在鐵圈環上，再連接到車體上。

■解讀胎壁

寫在輪胎壁上的超大文字和數字讓人很難懂，參考右邊的這個圖示，來了解輪胎上的文字。

▲胎壁上的文字有輪胎的資訊，若你無法解讀這些文字，可到輪胎中心詢問。

p205/70R14 92S

P　代表房車（LT是指輕型卡車）。

205　代表兩個輪胎壁中間的距離，以公釐為單位。

70　代表輪胎的高和寬的比例。

R　代表輻射胎。

14　代表輪胎圈的直徑。

92　代表可載重的指標，在最大空氣壓力下可承受的最大重量。

S　代表速度「S」 顯示這輪胎可承受的最高速度是180公里請參考下表：

速度表

代號	最大速度（公里／小時）
Q	160公里
S	180公里
T	200公里
U	207公里
H	217公里
V	248公里
Z	248公里以上

胎紋的磨損、抓地力、和溫度

寫在胎壁旁邊的文字和數字，是「標準輪胎品質等級系統（UTQG: Uniform Tire Quality Grading）」所制定的，但是UTQG並無法用來比較輪胎的好壞，因為各個製造商以自己的標準來分別等級，而沒有共同規定。如果你想要比較輪胎的胎紋磨損、抓地力和溫度，要參造廠商各自的產品表來做分析。

胎紋磨損200 （Tread Wear 200） 胎紋磨損的最低指標是100，如果胎紋磨損指標是200表示它可以比指標是100的輪胎多兩倍的壽命。

抓地力A (Traction A) 抓地力指標是指輪胎停在濕路面的能力，A是最高C是最低。

溫度A（Temperature A） 溫度指標是指輪胎可以承受溫度的能力，A是最高的C是最低的。

最大胎壓32 PSI（Max. Press. 32 PSI）

每平方英吋磅數PSI（pounds per square inch）標明冷輪胎所能承受的最大空氣壓力，能承受的最大空氣壓力並不等於胎壓，它僅僅是告訴你輪胎所能承受的壓力，為了要讓你開的舒適，讓輪胎達到最好的狀況、省油等原因，最好把胎壓調整到你汽車使用手冊上所建議的數字。

車言車語

檢查胎壓時，輪胎應該要是冷的。當你開車時，輪胎和路面的摩差產生熱能，所以不要在開完車後檢查胎壓，因為有熱度的輪胎會給你一個不正確的胎壓數。

最大的承載量 1400磅（Max. Load. 1400 LBS）

這顯示當輪胎靜置時的最大承載重量，以磅或公斤為單位，當你在一般道路上行駛時，這個資料很重要的，要注意這重量是要加上乘客的重量和行李，全部加起來不要超過你輪胎所能安全承受的重量。

四季輪胎（All-Season）

適用於各種路面和天氣情況，有時「全季節適用輪胎（All-Season）」標示在胎壁上的字是寫著「四季用輪胎（Four-Season）」。

現在的輪胎都是「四季用輪胎」，「冬天用」或「各種地形用輪胎」較不普遍。

DOT輪胎規範

有DOT標示的輪胎表示它有美國運輸部（Department of Transportation）規範。

在DOT這個字後面的數字代表這個輪胎的型號，如果要知道你的輪胎是否有被勒令回收，只需要查這個字後面的號碼就可以。

■冬天用的輪胎

如果你可以買各種季節適用的輪胎，那你為何需要買冬天專用的呢？是否在較溫暖的季節得用「夏天」輪胎呢？大部份的輪胎是四季用的，即使是在下雪天也不需要用到冬天用的輪胎，因為路上有鏟雪車在鏟雪，所以不需要用到，比較實際的建議是，使用最高品質的四季輪胎。

有的四季輪胎在橡膠胎底有填矽土來增加摩擦力，應付各種路面。

無論四季輪胎如何修正，目的就是要讓你的車在所有季節都能跑得很好，也不用那麼麻煩得在每個春天和冬天換輪胎。

但在經常會下大雪的地區，若沒有除雪車定期來清理積雪的話，這時冬季輪胎就可以看出它的不同了，你的車子需要幾個冬季輪胎呢？請依照下列的指示。

- 如果你的車是前輪傳動，把冬季輪胎裝在前兩輪（引擎的重量是在前方且煞車也是用前輪）。
- 如果你的車是後輪傳動，把冬季輪胎裝在後兩輪（煞車也在後輪）。
- 如果你的車是四輪傳動，把冬季輪胎裝在全部四個輪子上（煞車四輪都有）。

■四輪平衡

車子在行駛一段時間之後，要調整輪子的「平衡」，修車技師會測試輪胎和鋼圈，並將你的車子抬高或放下，來查看是哪個輪胎在搖擺，並且加一個小鉛垂到輪圈上來減少因不平衡而產生的震動。

相較於拿下車輪所做的車輪平衡（靜態平衡）而言，在車上做車輪的平衡（動力平衡）較佳，因為它可以把煞車和避震系統的重量都加到輪胎上去。

■四輪定位

大部份車子的車輪與車身是平行的，在經過一段時間的各種路況駕駛、急速煞車或啓動，輪胎會開始向內或向外傾斜，以汽車技術的專業用語來說就是所謂的「內傾角」和「外傾角」。

車言車語

四輪定位通常叫做前輪定位。一般都是前輪需要定位，但是有些車子，特別是後輪有個別的避震器，才要後輪定位。

有些車主喜歡把前輪調成外傾角，聽說這樣可以改善行車速度，所以賽車選手都會調整他們的前輪成為外傾角，然而我們又不是開賽車，外傾角只會磨損你的輪胎。一點點的外傾角和內傾角並不會對車子有任何的傷害，但是如果超過了2.5公釐，那就得去四輪盤定位了。

如何知道你的車需要做四輪定位呢？檢查你的輪胎是否有130-131頁上所描速的各種狀況，留意駕駛上是否有困難，例如你的車會往一邊歪去，在轉彎時會滑向另一個角度。要知道你的車是否需要去做四輪定位的最簡單方法就是，當你在直線路

輪胎定位

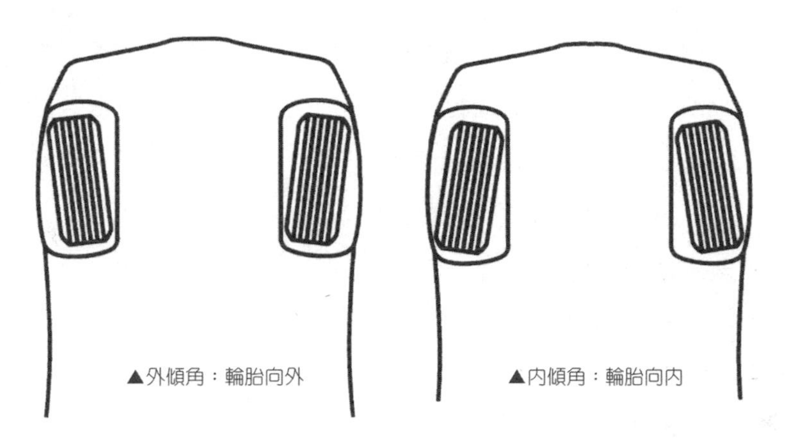

段駕駛，把雙手放開幾秒，車子如果往左或往右偏，那就最好將你的車開修車廠去做四輪定位了。

■讀胎紋

輪胎如果有磨損和缺陷就無法使你的車子能有很好的剎車或停止的動作，不論路況和天氣如何，這樣的輪胎將會很容易打滑。

有三種簡單的方法可以檢查胎紋：

1.用一塊錢硬幣試驗

把一塊錢硬幣放入胎紋的縫隙裡，如果可以看見蔣公的頭，那就應該去換輪胎了。

2.用深度量尺

使用胎紋的深度量尺（可以在汽車用品器材行買的到），檢查胎紋的深度，如果讀出來的是少於1.6公釐，表示磨損得太厲害了，應該要換輪胎，舊的輪胎應該要丟到資源回收中心。

3.紋胎磨損記號

很多新的輪胎有胎紋磨損記號，在每隔兩條的胎紋上，當輪胎損耗時，看起來像是一個平行繞過輪胎的細環。

胎紋深度表

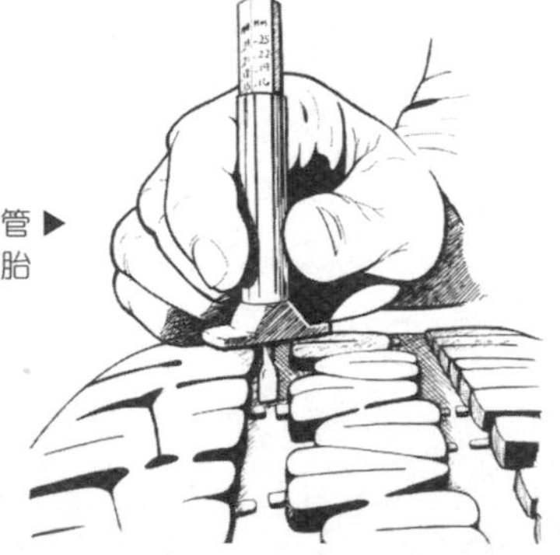

胎紋深度量尺是一把裝在鐵管或塑膠管裡的尺，垂直胎面，將它的前端壓進胎紋之間，上頭的數字即是胎紋深度。▶

■胎壓

為了讓你舒適、安全的駕駛並減少車子的修理費用，最好把胎壓加到使用手冊上所建議的數字。可以在汽車使用手冊上查出這些資訊的位置，可能是貼在車門內側，或是在車內某空間，你需要記下車子前輪和車後輪的胎壓數，建議的胎壓通常是每平方英吋（PSI: per square inch）28至32磅之間，或是192至220千帕斯卡（kPa: kilopascals）之間。

大部份的服務中心有打氣機，並提供胎壓量具，但是通常不大準確，最好是買一支胎壓量器在你的工具組裡，要確定這胎壓量器可以量PSI和KPA，刻度要達到60 PSI（410kPa）的才行，如此一來，你才可以用來量你較小的備胎（備胎通常比一般輪胎有較高的胎壓率）。

車言車語

在輪胎科技上有一個新發明是『智慧型輪胎』，這輪胎有顯微的氣溫和壓力感應器，可知道輪胎可能需要打氣或應該換了的時間。這設計的另一個目標是要節省燃料，當輪胎的氣足夠，跑起來會比較省油，輪胎的易讀顯示可以幫助駕駛巡視胎壓。

輪胎胎紋磨損情況

輪胎表面磨平，胎紋看不出來，這表示輪胎已經磨損。安全起見，要盡速的換掉。▶

當輪胎紋看起來崎嶇不完整或坑坑疤疤的，需要做輪胎定位。▶

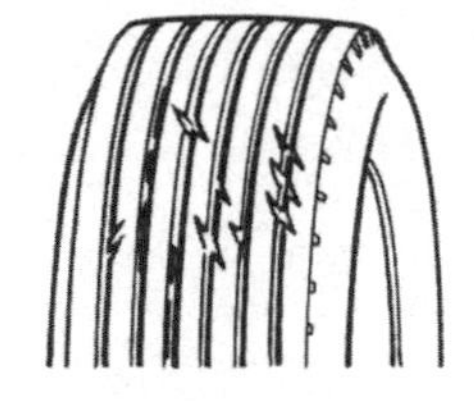

如果車子在輪胎氣不足的狀況下行使，輪胎兩邊的磨損會多過於中間。

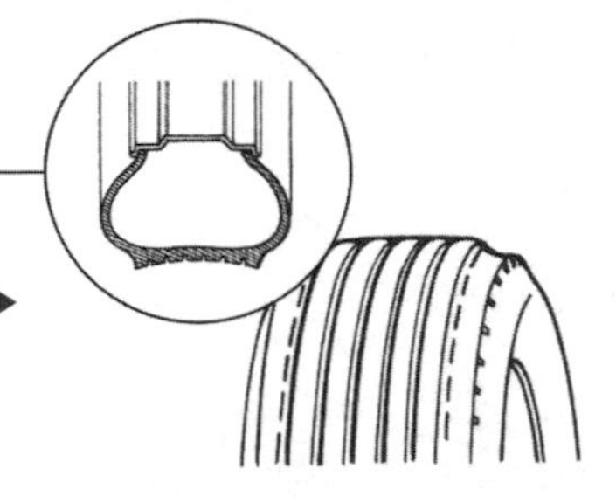

輪胎易磨損在邊緣通常是在氣沒有充足的情況下產生。▶

若是氣充過多，輪胎中央會鼓起來。

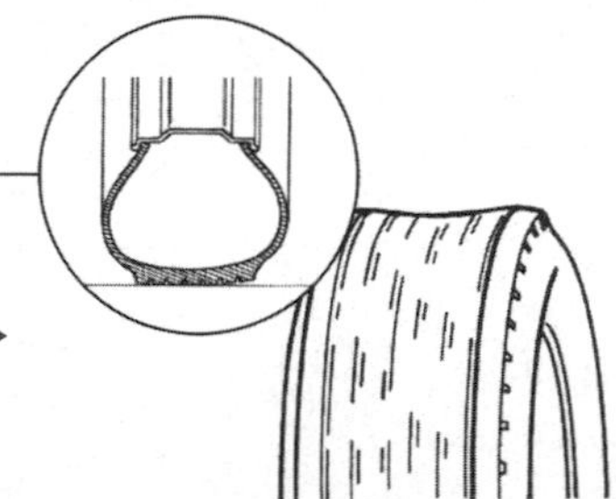

輪胎易磨損在中央通常是氣充過多的情況。▶

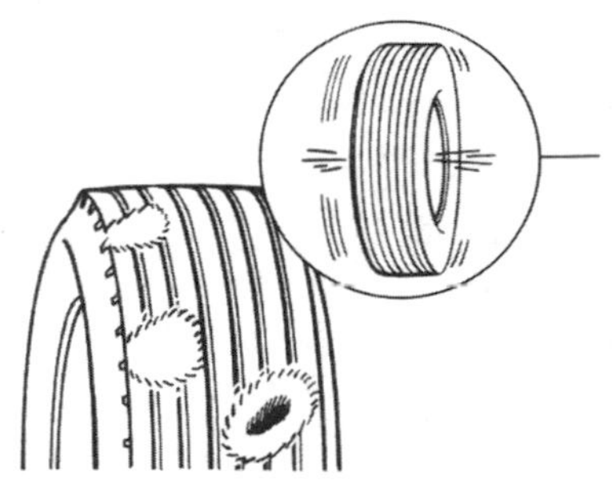

◀輪胎上有一些不平整的磨損區塊表示你的輪胎沒有平衡。

◀若輪胎一邊有平均的磨痕，表示輪胎沒有平衡，而且沒有定位過。

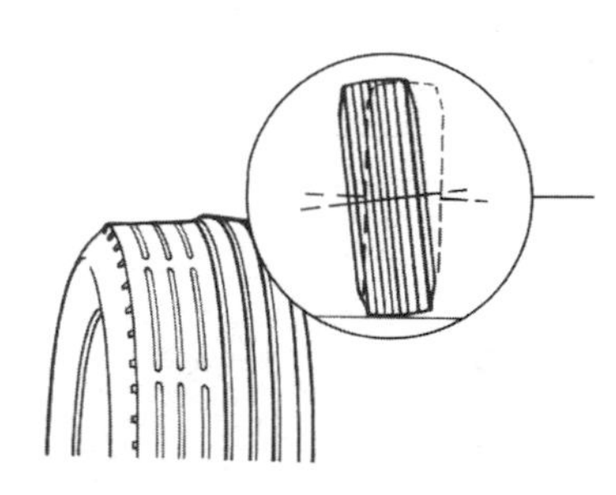

◀輪胎上只有一方過度磨損，表示輪胎有傾斜狀況。

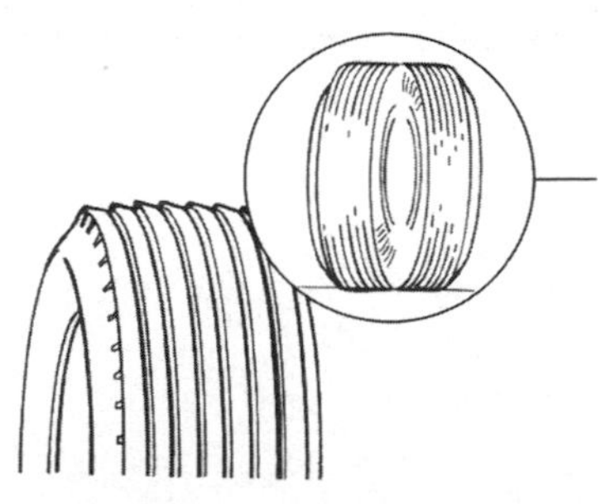

◀每條胎紋若只磨損在一個方向，表示輪胎過度內傾或外傾。

檢查胎壓

可以將你的車開到加油站去檢查胎壓，檢查胎壓時輪胎的溫度要是冷的才可以。胎壓每5℃就會減0.5公斤，所以記得檢查所有輪胎的胎壓，包括備胎。秋天和冬天每隔兩週要檢查一次，在暖和的季節裡每一個月檢查一次。

工具和裝備

●胎壓計

1.看一下你的輪胎胎壓計

有圓蓋子的那一頭裡，有一個小針，用這一端壓入輪胎的充氣孔來檢查胎壓同時釋放過多的氣體，另一端有平的或是圓形的尺標，上面的數字顯示輪胎的壓力，以每立方英吋幾磅或千帕斯卡（kPa: Kilopascals）來計算。

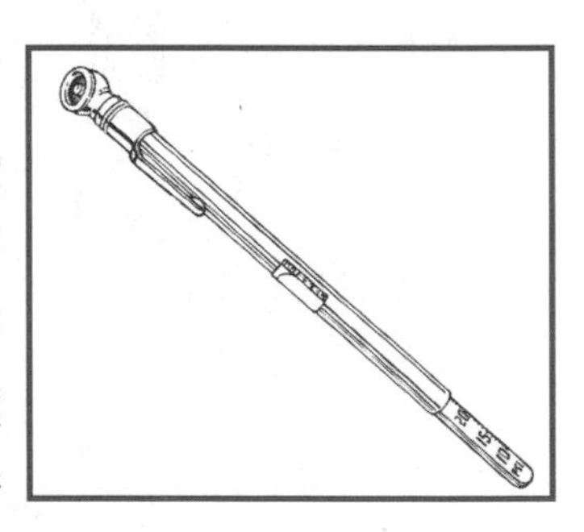

2.移開輪胎充氣孔蓋

把充氣孔蓋放在安全的位置，蓋子很小，很容易就遺失，特別是在晚上。

3.將胎壓計歸零

把胎壓計的尺標推入胎壓計內。

4.把胎壓計壓入輪胎的充氣孔內

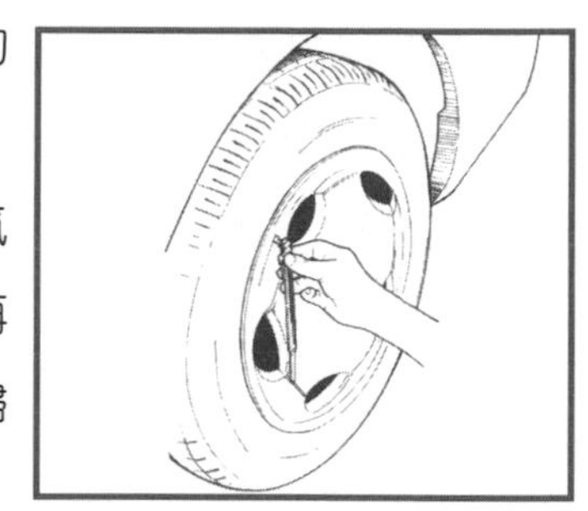

把有針的那一端壓入輪胎的充氣孔裡，如果沒有壓得很牢，會聽到漏氣的聲音，那是空氣從輪胎中漏出來的聲音，所以再試幾次，記得每次量的時候要歸零，這樣量起來才會正確。

5.讀胎壓數字

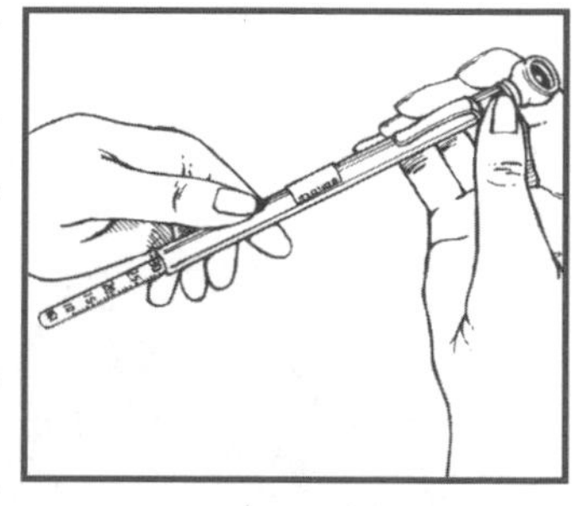

在沒有漏氣的狀況下，把胎壓計拿起來看看數字是多少——看尺標與量表的交接處，上面所指的數字就是你的胎壓數。

- 胎壓正是汽車使用手冊上所建議的數字時，把輪胎充氣孔蓋回去。
- 胎壓高於汽車使用手冊上所建議的數字時，使用胎壓計圓頭的那端，釋放一些氣出來，並不需要花太多時間放氣，要常常檢查看壓力是不是正確。
- 胎壓低於汽車使用手冊上所建議的數字時，需要多充一點氣，請看第135-136頁的操作指示來做。

6.檢查其他的輪胎

遵照1-5的步驟檢查其他三個輪胎的胎壓。

7.檢查備胎的胎壓

遵照1-5的步驟檢查備胎的胎壓。

備胎所需要的胎壓和一般的輪胎不同，查看汽車使用手冊，以知道正確的數字。

充氣到輪胎

充氣到輪胎需要一個充氣機，一般的加油站都有。

用具和設備

●充氣機

●胎壓計

1.檢查充氣機的管子

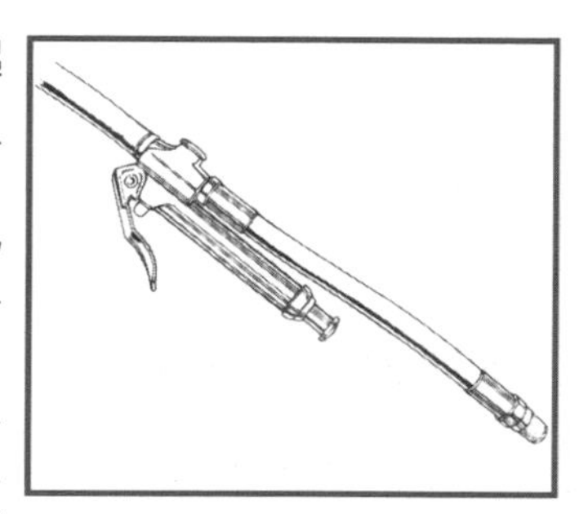

把連接在充氣機的管子拿起來，充氣的尾端有三個部份：一個把手、一個量壓器、一個充氣管。把手看起來和門把一樣，可以壓把手來開始充氣。在把手上面的是胎壓計，你不用去注意這一個設備。充氣管的尾端有一個圓頭，像你的輪胎加壓氣一般，是用壓入來為輪胎充氣。

2.把管子拉到你的車輪旁

把管子拉出來，檢查管子有沒有折到，然後把管子拉到需要充氣的輪子旁。

3.移開輪胎充氣孔的蓋子

把需要充氣的輪胎蓋子全都打開。

4.把氣充進去輪胎裡

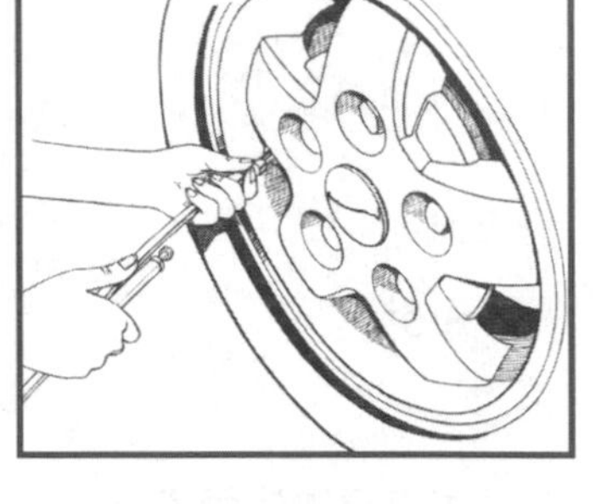

回到輪胎的位置把氣充進去輪胎裡，像是量胎壓時的動作，如果你沒有壓對和壓緊位置，會聽到漏氣的聲音。

5.檢查輪胎的壓力

量看看目前輪胎的壓力是多少。

6.邊充氣邊量胎壓才是對的

充氣完就量胎壓，量完胎壓就充氣，重複這個動作直到胎壓達到汽車使用手冊上所建議的數字。

7.把輪胎的充氣蓋蓋回去

把每一個輪胎的充氣蓋子蓋回去。

8.把其他的輪胎充氣

重複3-7的步驟來為其他需要充氣的輪胎充氣。

9.把管子放回去

把充氣機的管子放回去，把管子捲整齊放好。

■更換輪胎位置

有一個方法可以使胎紋的磨損平均，那就是有規律的更換輪胎的位置。每8,000到12,000公里時，要更換一次輪胎位置。

大部份車的輪胎位置更換法是把每個同一面的後輪換到前輪來，然後把前兩輪對調放到後輪來（可能這樣的描述並不是很清楚，請參照右圖），然而有些前輪驅動的車子需要不同的輪胎更換方式，查看汽車使用手冊來動手做。

輪胎位置掉換法

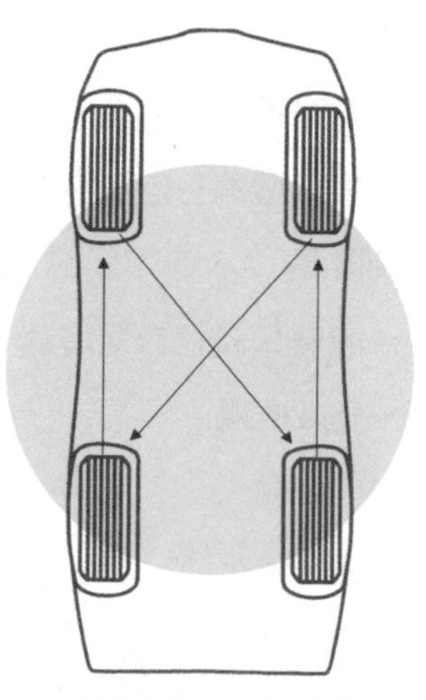

▲除非使用手冊有特別標明輪胎位置更換法，否則一般修車技師都用這種最普遍使用的方法來調換輪胎——後輪移到前輪，前輪對調移到後輪。

如果你的備胎是與一般輪胎一樣大小，別忘記也把它包括進去，你可以把它與任何一個已經裝在車上的輪胎對調，這會讓每一個輪胎都有相同的磨損情況，如果備胎的胎紋比其他輪胎都多，那麼你的車開起來會不平穩。

如果你的備胎是較小的那一種，只要讓修車技師檢查它的胎紋和胎壓後就可以使用。

避震系統

車子的避震系統可以讓你的車無論在經過不平坦的路面、狹窄的轉彎或停止等動作時，可以較為平穩，避震系統也可以提供乘客和貨物更安全平穩的行車狀況。這幾年出廠的前輪傳動車有前方獨立的避震器系統，它可以使開車更為舒適，特別是在經過不平穩的地方，它可以使你更容易旋轉方向盤。有些新的車有四輪各自獨立的避震器，就是每個輪子都有獨立的懸吊裝置。

避震系統包含避震器、彈簧和平衡桿，接下來我們可以一個一個來檢視。

■避震器

當你丟一個塑膠球在地上時，它並不會只彈起來一次，而是會繼續彈跳，用同樣的情況來想像輪胎的情形，輪胎是橡膠做的，當遇到坑洞和障礙時它們應該會彈跳得很厲害，但你的車並沒有這樣的彈跳，相反的吸收了彈跳的震動讓你能繼續順暢行駛，你的車是如何能夠不震動呢？那是因為經過避震系統的吸收。

這全部的過程也是可以同樣以反方向進行，所以你的車很容易恢復平穩不會有任何的餘震。

大部份舊車所使用的避震器是由上控制臂和下控制臂之間的彈簧組成，上控制臂和下控制臂的結構稱為羊角。上下控制臂連接到車框，而在A字型的接頭部位有兩個球型連接環，就是所謂的球接頭，它提供給輪胎上下震動的空間。然而在很多新型的車款中，彈簧、避震器、輪軸和上控制臂合併為一個支柱。有支柱兩種，一種是可以更換的，一種是不可以更換的。當可更換的支柱損壞時可以換掉，而不可更換的支柱是固定住的，當避震器壞掉，所有的組合都必需全更換掉，這當然要花很多錢。

避震器

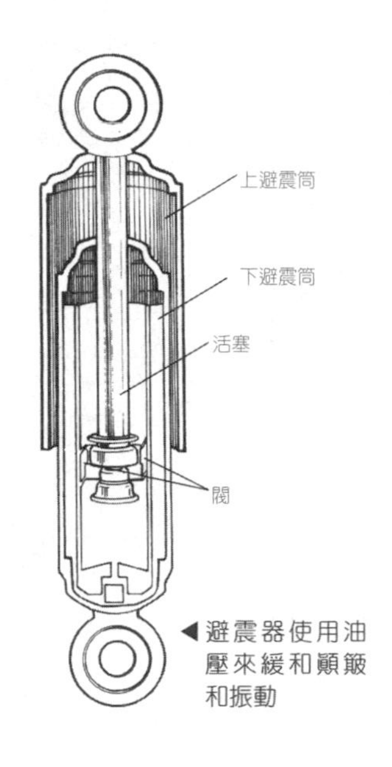

◀避震器使用油壓來緩和顛簸和振動

避震系統

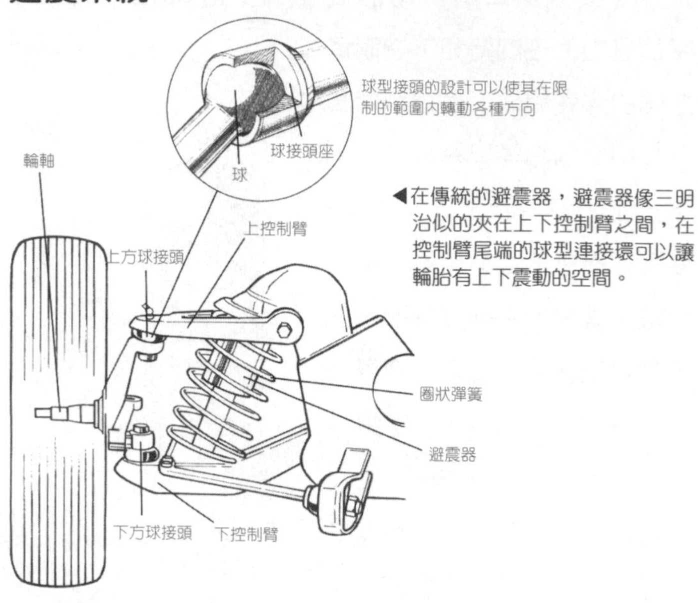

◀在傳統的避震器，避震器像三明治似的夾在上下控制臂之間，在控制臂尾端的球型連接環可以讓輪胎有上下震動的空間。

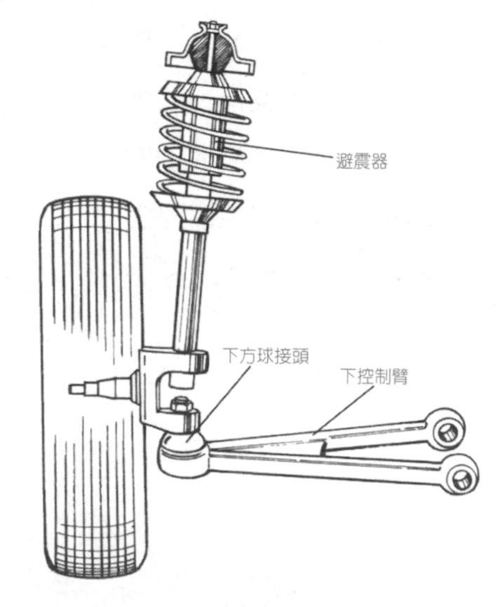

新型的車，避震系統整合▶了避震器、彈簧、輪軸、和上控制臂合併為一個稱為支柱。

■什麼時候該換避震器

除非你每次轉彎都磨擦到路邊，或是你老是不由自主的往坑洞行駛，否則車了的避震系統應該可以維持在平均60,000公里左右。四輪傳動車並不在這個規範下，因為四輪傳動車的重量較大，因此避震器會承受很大的壓力，所以它的避震系統會較一般的房車容易損壞。

有四個方法可以決定你的避震系統（或是其它避震器的零件）是否該換了：

1. 把身體靠到車子的每個角落重壓你的車，如果你的車在你停止重壓之後還繼續晃動，這就表示那個角落的避震器可能壞了。
2. 確定所有的輪胎都有充飽氣，然後把車子停在平坦的地方，讓一位成人坐到駕駛座位上，如果車子的任一個角落有車身下垂的情況，表示那個角落的避震器可能壞了，或是有一個避震器的零件可能鬆了。
3. 將車子停在平坦的地方且沒有發動引擎，用兩隻手前後搖晃輪胎，如果有過度的晃動，表示避震器的零件可能鬆了或是損壞。
4. 如果你的車會往你轉的方向傾斜，你可能有一個壞掉的支柱組合。

如果你換了前方的避震器，你就需要做四輪定位（請看第

126頁）。通常要成對的來換避震器（兩個前方的避震器或是兩個後方的避震器）。為什麼呢？如果沒配好避震器，你的車開起來會有一點傾斜，換掉成對的避震器，車會開起來很平穩。

注意

看到有油漬在避震器上，如果量很少沒關係，但是過多，就表示潤滑油從避震器漏出來，必需要更換避震器。

■彈簧

彈簧是每個輪胎避震器的一個重要零件，它使車內的人不受到不平坦路面而搖晃。有四種彈簧使用在房車上，那就是壓縮彈簧、葉片式彈簧、扭力桿彈簧和空氣彈簧。

壓縮彈簧不論是長相或是操作都類似於彈簧床的彈簧，當重量加在彈簧上，彈簧會受到壓力，當重量移去，彈簧則回復原狀，壓縮彈簧通常圍繞著避震器，有時是位在避震器的旁邊。

葉片式彈簧是由很多一個個疊起來的薄鐵板所組成，當重量承受時鐵板會彎曲，當重量移去時，鐵板回復原狀，葉片式彈簧是與車身的整個長軸平行，並且接在車框上，一邊一個。

扭力桿彈簧主要是運用在四輪傳動車上，這種有彈性的鋼

桿是連結到輪軸的下控制臂，並與車身的整個長軸平行，

空氣彈簧通常在高級車裡使用，它是以橡膠質料做成，裡面充滿氣體，電腦感應器管制彈簧裡的氣壓，吸收或釋放氣體來配合加在彈簧上的重量。空氣彈簧可以提供極佳的平穩駕駛。

彈簧的種類

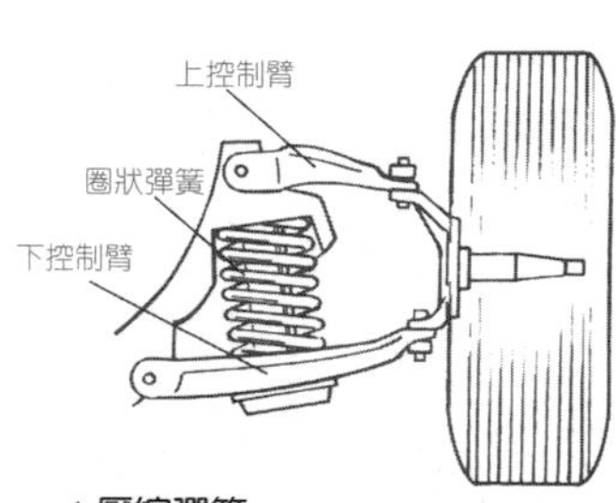

▲**壓縮彈簧**
壓縮彈簧的運作看起來像床的彈簧一樣，一般裝在上控制臂和下控制臂之間，或是成為支柱的一部份。

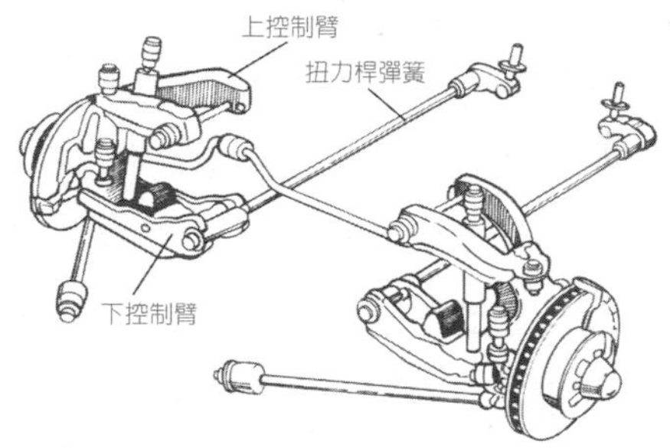

▲**縱貫車身的扭力桿彈簧**
扭力桿是由有彈性的鋼條做成，當它扭轉時，對於震動提供了像彈簧一般的抵抗力。

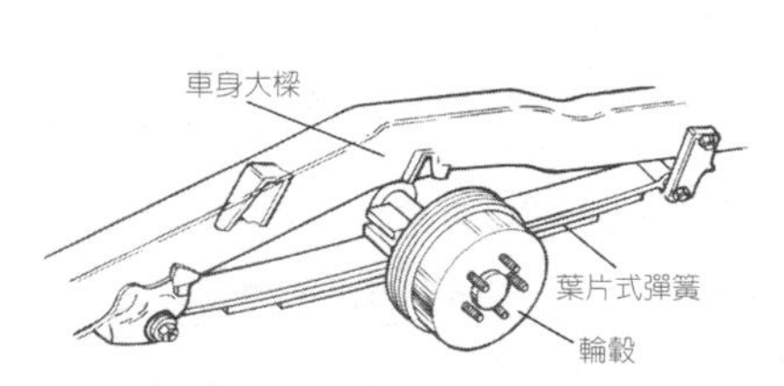

▲**葉片式彈簧**
葉片式彈簧是一捆有彈性的鐵片，可以彎曲和回彈，以減低車身彈跳現象，葉片式彈簧最常裝在後輪。

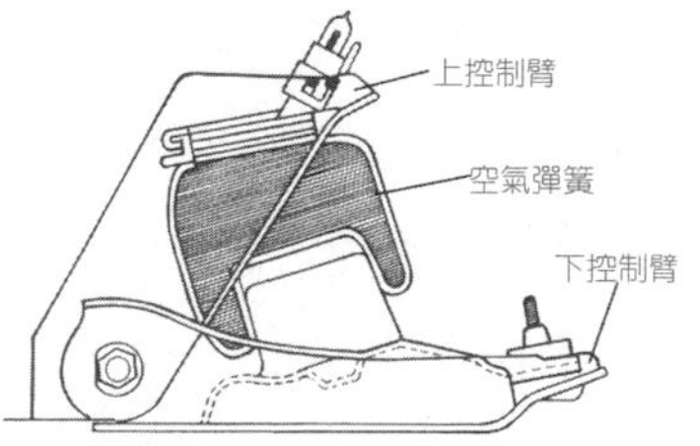

▲**空氣彈簧**
空氣彈簧是一個由電子控制，承受壓力的塑膠『袋子』，位於上下控制臂之間，依照所承受的壓力吸入和釋放空氣。

■平衡桿

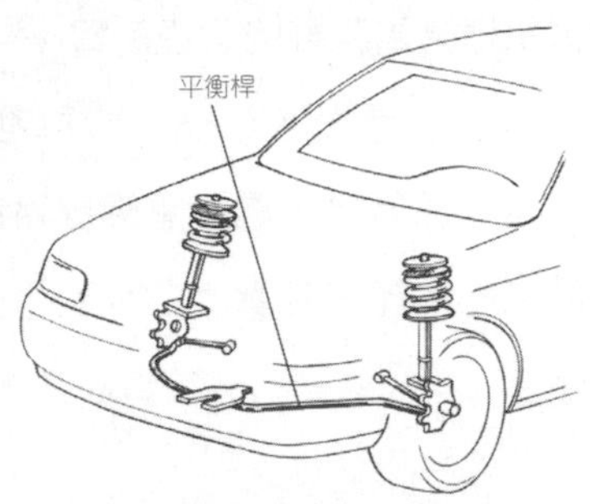

▲平衡桿幫助轉移力道，把力道由車子的一邊轉到另一邊。當你需要在窄小的地方轉彎時，幫助保持兩個輪子都平穩地在路面上。

在避震器前方的車子有前輪的平衡桿，它連接前面兩輪的避震器，這平衡桿也稱做防傾桿，幫助車子維持平衡，特別是當你需要在窄小的地方轉彎時，這個平衡桿是可以左右移動的。

有些車輛，包括休旅車也有後面的平衡桿，後輪的平衡桿是用來連接後兩個輪的避震器。如前方的平衡桿一般，後輪平衡桿幫助你維持車子的平衡。這個額外的支撐在四輪傳動車是必須的。例如，當你的休旅車遇到轉角很小的街道時，其中的一個輪子得爬上路緣，在這樣的狀況下，車子將會向外傾斜，由於一般四輪傳動車較高，會有頭重腳輕的現象，如果車子傾斜的角度較大時，車子就會翻過去。這個後方的平衡桿會幫助你減低翻車可能。

要注意到我所說的是「減低可能」而不是避免，休旅車和轎旅車必須要注意它的重量，休旅車和轎旅車並不是跑車，所以不應該以開跑車的方式來駕駛它，雖然休旅車使乘客坐在車內得到較大的安全保護，但是若駕駛人粗心的話，也會招來較大的危險。

方向盤系統

概略的說，方向盤系統的運作是從你所操作方向盤傳到下面的方向盤主機連桿後，再連接到與兩個輪胎相連的橫軸，以液壓的方式讓你可以在轉動方向盤時就轉動輪子。

方向盤系統有兩種：一種是連桿式，一種是齒條式。

■連桿式 (The Pitman Arm)

連桿式的駕駛系統大部份使用在舊的車種裡，由方向盤控制方向盤主機連桿，方向盤主機連桿經過引擎到方向機。在方向盤主機連桿和方向機臂之間有變速箱，變速箱轉換由動方向盤主機連桿帶出的力道進入方向機臂。

方向機臂連結到一跟長的橫軸，橫軸的兩端各連接到一個連接輪軸的臂桿。這個長橫軸其中一端也連結到固定到車體的張力桿，橫軸和張力桿的接合處成為與車身連接的軸點。

■齒條式 (Rack-and-Pinion Steering)

有比連桿式更進步的系統那就是齒條式的操作方式，此種系統讓輪子更容易感應到方向盤的轉動，為什麼呢？一個叫做齒條的長桿橫跨車前的兩個輪子，它的中間是鋸齒狀的刻痕。方向盤主機連桿從方向盤延伸到齒條的連接處，有一個像是圓柱形狀的小齒輪叫做滾珠齒輪，它與齒條有同樣的鋸齒狀刻痕。當你轉動方向盤，那滾珠齒輪就會遊走在齒條上，齒輪互相結合在一起轉動來拉動齒條到你方向盤所要轉的方向。

潤滑在齒條式的駕駛系統是很重要的，連接齒條和橫拉桿的連接處是用一個包著油的防塵套封起來，如一般的橡膠製品一般，它很容易會縮水和乾燥，甚至隨著車齡老化而裂開，如果你的方向盤開始變得很難轉動，特別是當你剛開始上路時，那就表示其中一個防塵套有問題。齒條和橫拉桿的連結處太乾，修車技師可以再重新把接合處加油封上一個新的防塵套。

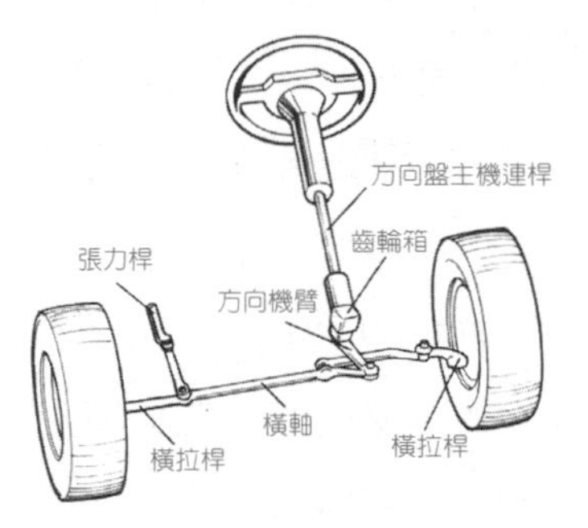

▲張力桿依照著駕駛盤的操作推出或推進以轉動輪子的方向。

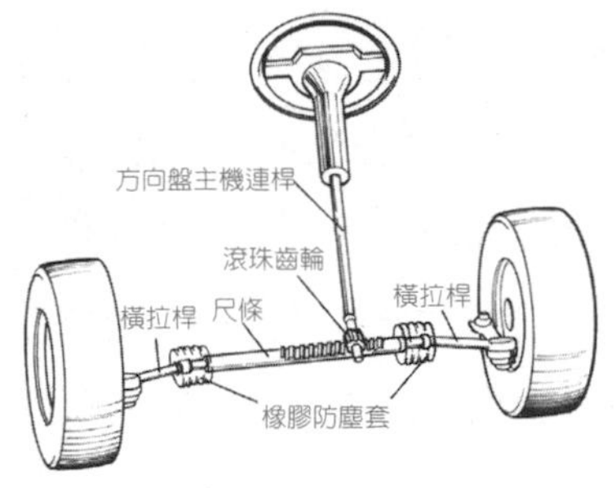

▲齒條上的齒紋和滾珠齒輪把輪子帶往你所想要行駛的方向。

■橫拉桿 (Tie Rods)

橫拉桿是一個連接駕駛的機械結構到輪胎的長鐵片，橫拉桿的尾端是滾珠型連接，讓駕駛系統引導橫拉桿時可以靈活轉動以帶動輪子，有時候橫拉桿的尾端也裝一個加上油的防塵套來增加它的靈活度。

煞車系統

煞車並不是只有踩下煞車踏板那麼簡單，想像你的車由高速到緊急煞車，或只是停在紅燈前，煞車讓你在任何狀況都要即時的把車停住，就如我們前面所討論過的，避震器讓你的車輪胎穩住在路面上，而煞車系統讓你急速奔馳的車子可以停得下來。

圖示煞車系統

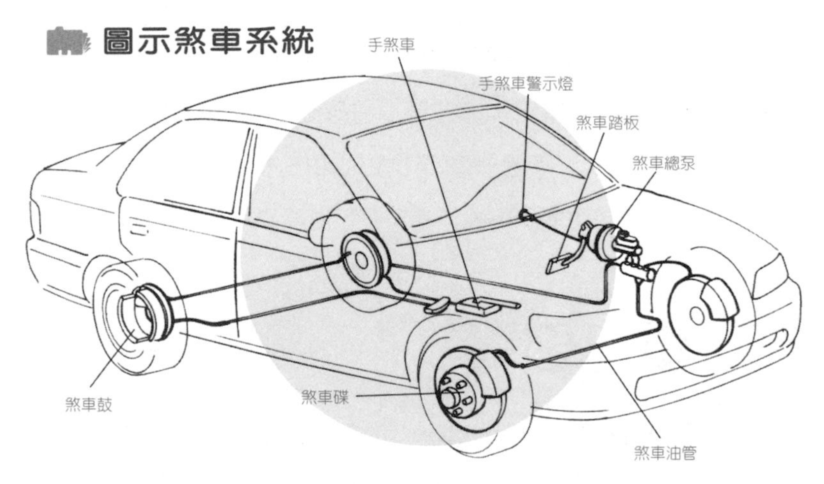

▲煞車油循環經過整個煞車系統。

■防鎖死煞車系統
（The Antilock Braking System；俗稱ABS）

很多新的汽車配有所謂的防鎖死煞車系統（ABS）。ABS是一個先進的煞車系統，它的煞車是由電子控制且比傳統的煞車系統更快速。ABS讓煞車變成很快速的震動，可以幫助輪胎在緊急煞車時防止打滑。很重要一點就是ABS並不在一般的煞車狀態下起動，而是在緊急煞車時起動，換句話說就是它並不是發生在一般你踩煞車板的狀況，而是在你踩下到一定程度時才起動。但你如果在冰上用力踩煞車，ABS並無法幫助你煞住。

汽車使用手冊會告訴你是否有ABS裝置或只有裝置一般的煞車系統。如果你的車有ABS，需要了解一下，特別是在你以前沒有開過配有ABS的車時，先到空地上練習使用ABS，以每小時30公里的速度來練習。踩煞車踏板時感覺如何呢？你聽到煞車發出了什麼樣的聲音呢？你的車身會感受到什麼樣的震動呢？試試ABS在不同狀況下的煞車情形，例如在冰上或雪上。你總不想在遇到無法預期的行車狀況時，不知道煞車能力是如何吧。

車言車語

現今的車子裝載雙重水力煞車系統，這個意思就是說前後的煞車是各自獨立的。如此一來煞車不會整個壞掉，因為到煞車總泵是兩個分開的空間，一個是給前面輪子用，一個是給後面輪子用的。

■碟式煞車 (Disc Brakes)

碟式煞車通常是在前輪，有時候是在四輪，它不會單獨使用在後輪。碟式煞車是由兩個煞車來令片、一個煞車卡鉗和一個煞車碟盤所組成。煞車碟盤連接到車輪的輪轂，當煞車執行時，煞車卡鉗會緊壓住煞車來令片（有另一個煞車來令片在煞碟盤的另一端），抵住煞車碟盤使輪子停住。煞車來令片裡面裝有一個磨損指示器，那是一個小片鐵片，經過一段時間後，磨損指示器就會漸漸地露出來，當你開車的時如果聽到一個尖銳的金屬摩擦聲從輪胎傳出來，就是聽到磨損指示器摩擦煞車碟盤的聲音。這是告訴你煞車來令片已經被磨損到需要更換的狀況。

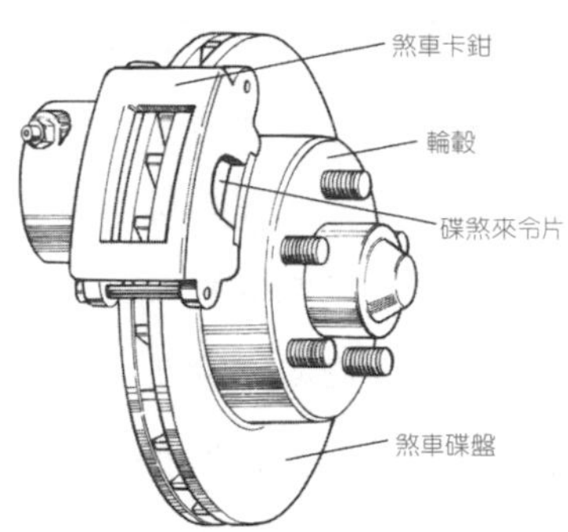

▲在碟式煞車系統，煞車碟盤連接到輪軸，當煞車執行時，煞車卡鉗會緊抓住碟煞來令片來抵柱旋轉煞車碟盤。

以正常來說，煞車來令片只可以維持大約30,000~45,000公里，更換它並不貴，然而如果你不依照時間表來更換，那煞車碟盤和煞車卡鉗也會磨損，而這兩樣換起來就很貴了，所以要依照汽車保養的時間表來進行更換，當聽到磨損指示器發出聲音，請馬上更換煞車來令片。

■鼓式煞車 (Drum Brakes)

鼓式煞車和碟式煞車不同，只有在後輪可以看得到（除非你的車是1970年前的車）。煞車鼓長得像一個淺的圓柱，附著在輪子上，裡面有兩個稱為煞車來令片的煞車墊，它包著裝在煞車鼓裡面的零件。當你煞車時，煞車裡面的零件就會往外推，將煞車來令片抵住煞車鼓來把輪胎煞住，大部份的鼓式煞車有自動伸縮調整的彈簧，它會隨著煞車來令片被磨損的狀況自動移動煞車來令片來接近煞車鼓。

鼓式煞車並沒有磨損指示器可以讓駕駛知道什麼時候該換煞車來令片。如果鼓式煞車的煞車片磨壞了，煞車時也不會聽到摩擦聲，如果你仍繼續以磨損的煞車片開車，使零件嚴重損害，這些東西修起來要花很多錢，你最好是在橡膠防塵套被磨壞之前更換。

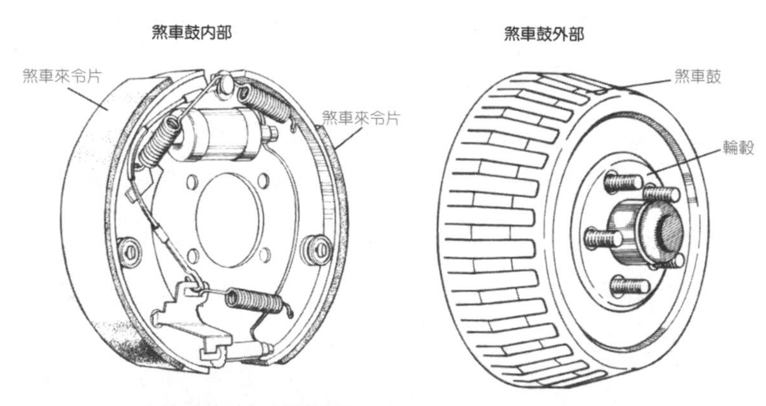

▲在鼓式煞車中，煞車鼓固定在輪轂，當你踩煞車板，煞車鼓裡的零件會往外推，把煞車來令片抵住煞車鼓的內部。

一般平均來說，鼓式煞車可以維持在40,000~60,000公里，不過最好還是小心謹慎點，讓修車技師每六個月檢查一次。

煞車鼓如何運作

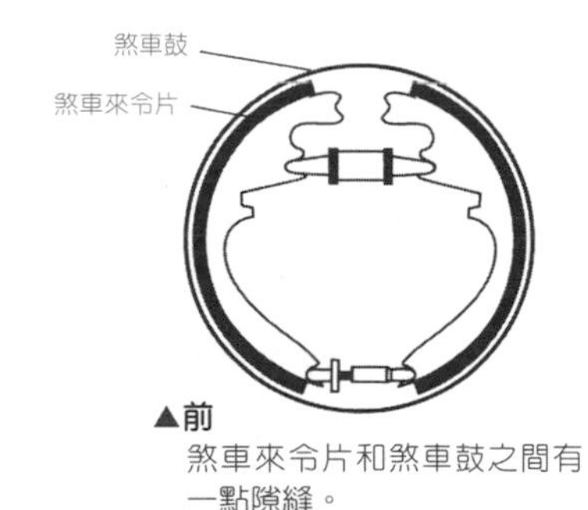

▲前
煞車來令片和煞車鼓之間有一點隙縫。

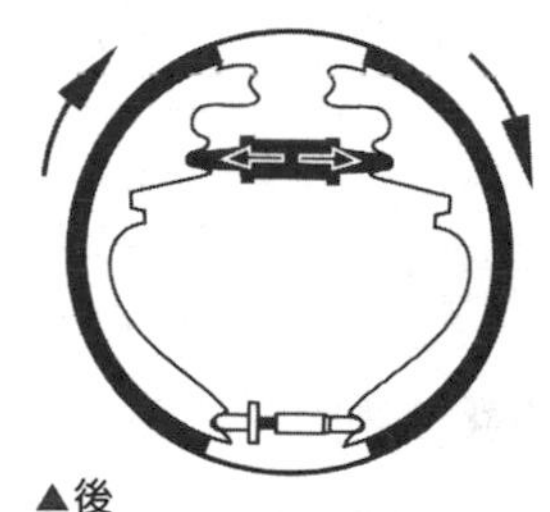

▲後
煞車鼓的煞車閥脹開，把煞車來令片推向旋轉的輪轂。

■煞車油和煞車軟管

像許多車的機械系統一般，煞車系統也是使用油壓，藉著液體的流動來傳送能量，液體在此指的是煞車油，它由位在引擎區的煞車總泵流出，經過煞車油管和煞車軟管來到前輪或是後輪的煞車系統。

煞車油管是很細的鋼管，煞車軟管是很細的橡膠管，你或許會覺得很奇怪為什麼需要油管又需要軟管來使各部份得到煞車油的滋潤。為什麼不能只是這一種或是那一種？鋼管穩固可以維持較久，但是較硬，當車子轉彎時它無法配合輪子轉動方向。所以在煞車油管離煞車約10~15公分時，煞車軟管取而代之，把煞車油帶入煞車，由於煞車軟管是橡膠做的，它讓彼此的連接較有彈性。

因為煞車軟管會暴露在外，路上的空氣、鹽份、砂子會使它龜裂，造成煞車油漏出，當漏油發生時煞車系統必須更換，修車技師要把煞車油從系統中倒光，然後再換上新的煞車軟管，並且給系統加新的煞車油。

■手煞車

不能把手煞車只當作是煞車系統的一部份而忽略它，這設計是要防止你的車在煞車時不會翻車。

手煞車的手把是連接到後輪的煞車，當你拉手煞車的手把時，實際上是在運作後輪的煞車。手煞車線由手煞車手把連接到後輪拉緊，如果手煞車線太鬆它就會失去效果。要知道何時該調整煞車線？如果你拉了手煞車，車還開的動，就表示手煞車線鬆了或是壞了，應該將車開去修車技師那裡檢測一下。

車言車語

當你開經過結冰路面，不要使用手煞車，除非為了安全需要。手煞車是起動後輪煞車，若冰或是雪花滲進去後煞車系統，而你起動手煞車，那麼後輪的煞車和手煞車就會凍結在起動的位置，隔天你就無法移動車子，更糟的是，手煞車線可能會斷掉。

排氣系統

要了解排氣系統，要回到「引擎區」那一章，觀察車子的引擎，靠近引擎找出排氣歧管。排氣歧管連接到汽缸的每個排氣氣門，歧管的數目和你汽缸的數目是相同的。

這些歧管集中到一個主管，它把廢氣從引擎引導到觸媒轉換器，觸媒轉換器再次燃燒廢氣以減少空氣污染，然後再送到消音器，消音器減低由引擎而來，排放廢氣的聲音後，再經由尾管來排放氣體，有些車還會有副消音器，再度減低聲音。

注意

觸媒轉換器可能在短時間內變得很熱，記得千萬不要把車子停在乾草上，以免觸媒轉換器的熱引起火災。

排氣的零件通常是由後向前鏽生鏽，這是為什麼消音器和尾管通常會先壞掉的原因，你如何知道你應該要換消音器和排氣管呢？首先蹲到車後面檢查尾管生鏽的情況，如果蠻嚴重的，在你下次定期維修的時候記得提醒你的修車技師看一下。要知道你的消音器有沒有壞掉，只要聽聲音就可以知道，因為只要一點點破洞就會發出很大的聲音，如果你的車吵得像摩托車一般，你可能需要換一個新的滅音器。

各種不同的排氣管要以管束夾或懸吊工具來附著在各別的零件上，如果你聽到有規律的吵雜聲音由車底發出時，可能是管束夾或是懸吊系統鬆了，這並不是很嚴重的問題，但是你應該讓你的修車技師知道。

防範一氧化碳中毒

在家中大家都知道一氧化碳是個隱形的殺手，對車子而言也是，在排氣系統內，沒栓緊或生鏽的零件會使一氧化碳滲入你的車內，一氧化碳中毒的症狀包括想睡、反胃、頭痛和耳鳴。為了防範一氧化碳中毒，可以在前座裝置一個小型的一氧化碳偵測器，每次清潔車時記得檢查一下偵測器還有沒有電。

排氣系統

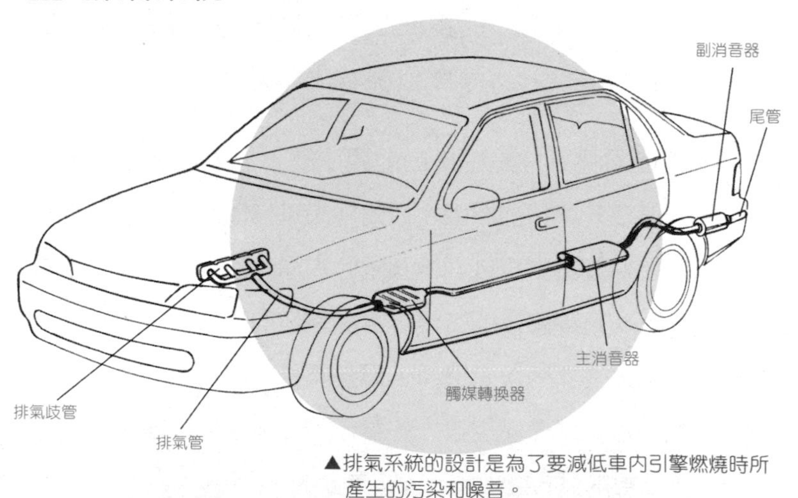

▲排氣系統的設計是為了要減低車內引擎燃燒時所產生的污染和噪音。

Chapter 4

解決麻煩

故障指示燈

煞車問題

怪聲音

用鼻子偵測

車內外有滲漏

駕駛、停止和避震

大燈、煞車燈和方向燈

不是專業的修車技師，要如何解決不尋常的吵雜聲、味道和車子的其他毛病？這問題很容易解決，你只要熟悉自己的車就夠了。你的車是怎樣的煞車系統呢？多久之前換過機油呢？冷卻水的正常顏色是？如果你能回答這些問題，就可以根據這些狀況來診斷車子的毛病，即使你自己無法知道車子的問題在哪裡，至少修車技師詢問時，還可以和他一起討論。

學習如何處理問題就像是你喝下了一加崙的信心一般，當你的車又開始不乖，你會知道可能是哪裡壞了，不論問題是大是小，你會知道如何處理，然後你的車就很快又可以上路了。

接下來的這幾頁可以讓你很快的學習到如何找到車子毛病，當你知道車子的毛病之後，就可以開始進行下面其中之一個動作。

- 自己馬上把它修好（如果問題很小而且容易解決）。
- 自己修理，但是和修車技師約一個檢查時間（車子的問題很小，並且已經解決，但是避免這個小問題會是大問題的預警，所以記得給修車技師診斷一下比較好）。
- 早點開去給修車技師修理（這問題並不會造成危險，只是如果不解決對車子有損害）。
- 馬上帶去給修車技師處理（現在不危險，但也可能會馬上發生意外）。
- 馬上停止駕駛，請拖車拖去修車廠（對車子或人身安全有危險）。

故障指示燈

當你啟動車，儀表板上的指示燈會全部亮起來幾秒後再熄滅，如果只有其中一個燈不滅，或是當你開車途中突然有一個燈亮起來，代表引擎的某一部份可能有嚴重問題，當然也可能只是電力系統的保險絲斷了或是電線鬆了。

當指示燈亮起紅燈時，你必須要做以下的四步驟：

1. 尋找鬆掉的電線。
2. 檢查保險絲有沒有燒壞。
3. 如果既不是線路鬆掉，也不是保險絲燒壞，那你就得看亮著的指示燈代表的是哪一個部份，開始針對那一部份做檢查。
4. 如果找不到毛病，需要打電話給修車技師請他幫忙。

■尋找鬆掉的線路

指示燈與電力系統的連接是藉由經過儀表板下面的電線，這些電線也連接到保險絲，如果這其中的任何一條電線鬆了，儀表板的指示燈也會連帶亮起來，要想看到這些電線，你必須把頭彎到方向盤下方（此時可能需要手電筒的幫助）。雖然無法解決問題，但是可以發現問題，你馬上就可以看到電線有沒有斷落或磨損。雖然這不是常發生的事，但也是有發生的可能性，有些斷掉的電線甚至會掉下來讓你用腳就可以碰觸到。

如果你發現是線路的問題，就可以安心的繼續開車，但是記得要和修車技師儘早約個時把電線修好。

■檢查保險絲

如果找不到電線的問題，那就開始做第二個步驟：檢查保險絲，如果你不知道保險絲盒在哪裡，請查看汽車使用手冊，一般是在儀表板下接近方向盤的地方（有些車有第二保險絲盒在引擎區），這區域可能有點暗，你需要拿手電筒來協助照明。

首先要確定你的車已經熄火，然後打開保險絲盒，蓋子上應該有標明哪個保險絲是代表哪個電路（或許汽車使用手冊上有標示），找到那個亮著的指示燈所代表的保險絲。

車子的保險絲有兩種：插片式保險絲和歐洲式的玻璃管保險絲。

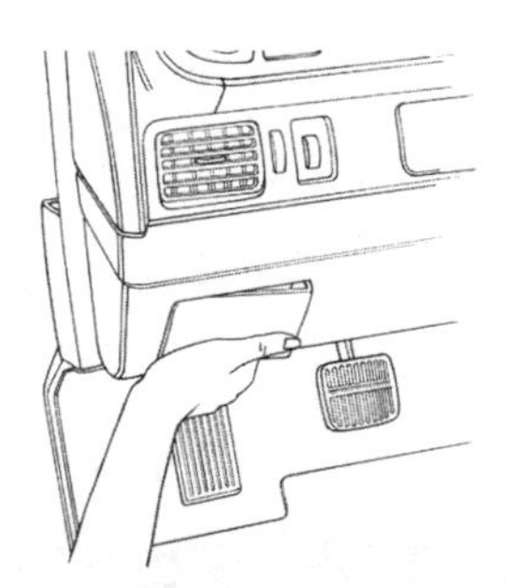

▲保險絲盒通常在儀表板的下面，駕駛座的左邊，打蓋子就可以看到保險絲。

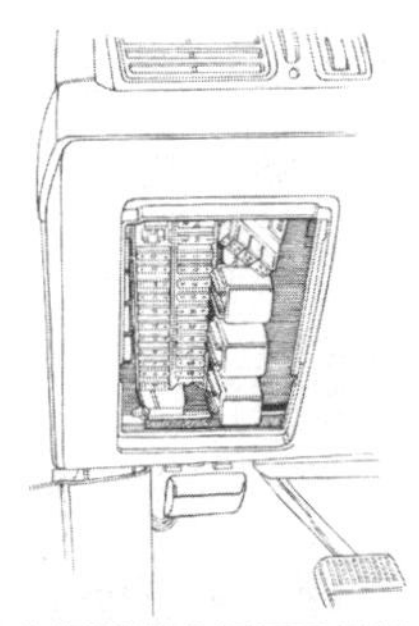

▲在保險絲盒裡面是整排的保險絲，使用手冊會告訴你哪個保險絲管理哪個相關電路。

如果你的車是插片式保險絲，要使用保險絲拔取器把保險絲拉出來看；如果是玻璃管保險絲，你可以馬上看到有沒有壞，不需把它抽出來。

找到亮著的指示燈所代表的保險絲，靠近看看有沒有燒黑或斷掉，請參考附圖。

抽片式保險絲

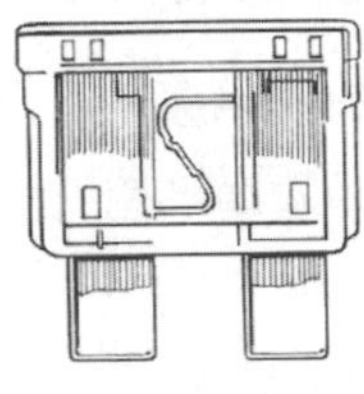

好的保險絲

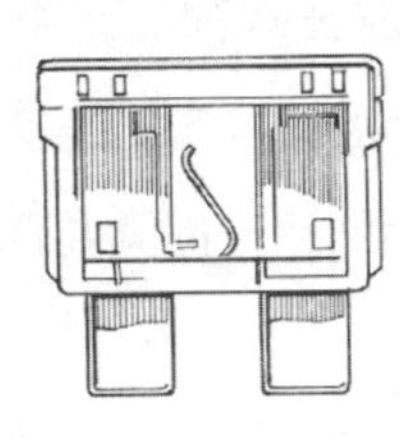

壞的保險絲

玻璃管保險絲

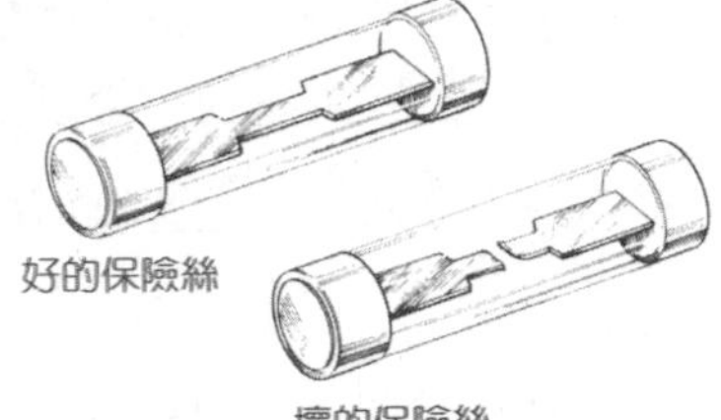

好的保險絲

壞的保險絲

保險絲依不同的電力有不同的等級，不同的電路系統也有不同的保險絲，如果你發現保險絲斷了，可能很難有一個適合的來取代，所以先把壞掉的保險絲放回保險絲盒，防止它受到灰塵污染，然後盡快到汽車用品店，在汽車用品店的停車場把壞掉的保險絲拿出來，帶進去商店，請店員找一個對的給你。

你如何把燒壞了的保險絲拿出來呢？首先要在保險絲盒找到一個塑膠的保險絲拔取器，大部份的車都有。大都塞在保險絲盒裡面，查詢汽車使用手冊看你的車有沒有這個配件，如果沒有，可以在汽車用品店買到。在緊急的時候，你也可以用鉗子，在前端包上面紙（絕對不要讓任何金屬工具接觸到保險絲盒，因為電路和金屬接觸將會造成短路）。把保險絲拔取器夾在保險絲盒的尾端後把它拔出來，不用害怕太用力會損壞保險絲，因為原本的設計就是為了要防止鬆掉，所以會有點緊。

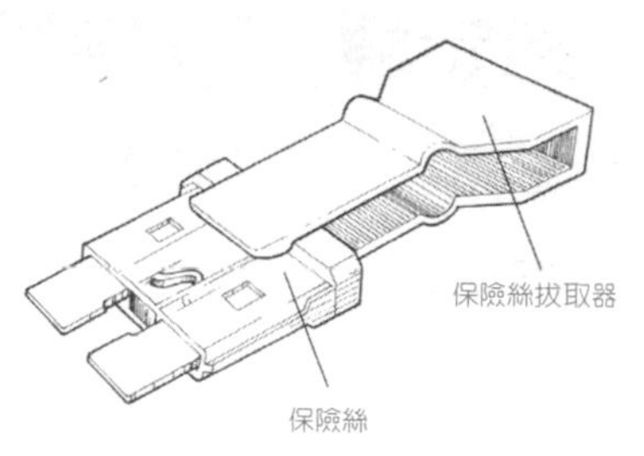

▲保險絲拔取器是一個塑膠鉗，它可以把保險絲頭夾出來。

車言車語

若你的音響、時鐘、車內的燈，或其他的電器物品停止運作，保險絲斷了是最大的可能，在做其他修理之前，先檢查保險絲是否有連接到相關的電路。

■評估問題

如果指示燈亮起不是線路和保險絲的關係，就可以開始進行其他動作來尋找車子的毛病在哪裡，有時候這些問題很簡單，你可以自己解決，但是如果你沒有信心、不確定問題所在，就留給修車技師去解決。造成指示燈亮起來最普遍的問題以下都會逐一的詳細介紹。

指示燈

問題　安全氣囊的燈亮著

可能原因

◇安全氣囊有問題

◇電腦系統短路

如何處理

不論是安全氣囊壞了，或是電腦系統有問題，它正代表安全氣囊不能用，儘快帶你的車去當地的經銷商檢查，如果你的車很新，可能還在保固期內，就可以免費修理。

問題　ABS的燈亮著

可能原因

◇ABS正在使用中，在使用中燈亮著是很正常的情況

◇碟式煞車卡鉗卡住

◇煞車油壺的油不夠

◇煞車油管或煞車軟管漏油

如何處理

打開引擎蓋把煞車油壺找出來，如果它是透明的，檢查看是否兩槽都裝滿煞車油，應該加滿到離缸口6公釐的位置，如果不是透明的，你需要打開油壺檢查，先把壺上的灰塵擦乾淨，如果煞車油不夠，把它加足；如果油是滿的，可能煞車油管或

煞車軟管有漏油的情況。或者，如果你的車是碟式煞車，可能是煞車卡鉗壞了，請馬上帶你的車去給修車技師診斷。

問題 煞車的指示燈亮著

可能原因

◇手煞車沒有完全鬆開

◇煞車燈的燈泡燒壞了

◇煞車損壞的警告開關有問題

◇煞車油受到污染或油量過低

◇有空氣跑進去煞車油管中

◇碟式煞車的卡鉗卡住

◇手煞車線鬆了、卡死或是壞了

◇煞車油管或煞車軟管有漏油

◇煞車油壺有問題

◇手煞車有問題

◇後煞車的防塵套壞了

如何處理

首先要先確定煞車是完全鬆開的，如果沒有鬆開請把它鬆開，若還是沒解決問題，趕快把車停到旁邊，找一個人幫你看煞車燈，在引擎還發動的情況下，把腳踏在煞車踏板上問對方兩個煞車燈有沒有都亮起來，如果其中有一個燈炮有亮起來，可能是燈泡壞了，可以依照使用手冊上的指示換燈泡，或者盡快找修車技師更換。如果煞車燈沒有壞，帶你的車去給修車技師檢查，一般可能是需要換掉煞車損壞的警告開關。沒有煞車燈開車是很危險的，所以要馬上把它修理好，煞車還沒有修好之前，絕對不要在天黑時開車。

如果煞車燈沒問題，那就要檢查煞車油壺裡煞車油的品質與油量，煞車油應達到離油壺口6公釐的地方，如果沒有達到，就應該把它加足，用手指頭沾煞車油後把油用手指推開，摸起還應該不會是沙沙的，如果是，就要儘早帶你的車去修車廠，把所有煞車油漏光重換新的。

如果既不是煞車燈、也不是煞車油造成煞車指示燈亮起，馬上帶你的車去給修車技師做徹底的檢查。

問題　電瓶燈亮著

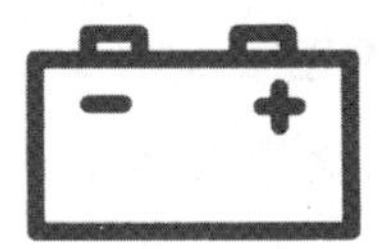

可能原因

◇引擎故障

◇電瓶壞了或沒電

◇交流發電機有問題

◇電線鬆了

◇風扇皮帶鬆了或破損

如何處理

趕快停車，打開引擎蓋，聞聞看有沒有燒焦味，如果有，不要再啓動車子，趕快打電話叫拖車來拖吊。如果聞起來沒有燒焦味，開始著手檢查電瓶（在此之前請先把手指上和手腕上的飾品都脫下來），看看有沒有一絲絲白煙由電瓶上升起？如果有，表示電瓶正釋放有毒氣體，要趕快把車拖去修車廠。

如果沒有看到白煙，請打開電瓶的所有蓋子，看每個電瓶槽的電解液是否足夠，如果有一個電瓶槽的電解質不夠，用蒸餾水加滿它。

栓緊連接電瓶線到電瓶的螺絲帽，如果電瓶線的尾端有磨損，讓修車技師儘早幫你換掉電瓶線。

如果電瓶柱有一些白色的酸屑凝結，要把它除掉弄乾淨，當你回家後調蘇打粉加水的溶劑，使用這種溶劑來清理電瓶線尾端和電瓶柱。

如果電瓶沒有任何問題，也沒有聞到任何焦味，那就可能是交流發電機有問題、風扇皮帶鬆了或斷裂，或者是避免電流接觸或離開電瓶的電線鬆了。最佳的做法就是馬上打電話預約時間，請修車技師為你評估情況。

指示燈

問題 ── 引擎燈亮著

可能原因

◇電瓶沒電

◇機油不足

◇交流發電機有問題

◇排氣系統有問題

◇風扇皮帶鬆了或是破損

◇汽油油管堵塞或是漏油

◇汽油的等級不對

◇引擎內有漏油

◇汽油幫浦有問題

如何處理

檢查電瓶槽裡面的電解質水量，如果有任何一槽的電解質不夠，用蒸餾水加滿。如果電瓶柱和電瓶線有一些白色的酸屑凝結，要清除乾淨，回家後用蘇打粉加水來清理。

使用油尺檢查機油，如果需要加機油，請務必使用與車裡相同重量和等級的機油。如果電解質和機油的量都沒有問題，繼續開車對車子仍然會有潛在的傷害。雖然它可能只是簡單的如風扇皮帶鬆脫問題，但也可能是很嚴重如汽油幫浦有問題或是引擎內有漏油的狀況，如果引擎沒有得到適當的潤滑，繼續行車將會使引擎受到嚴重的傷害。打電話叫拖車把車拖到修車廠，修車費會比萬一引擎被磨損所需要的修理費便宜得多。

問題 方向燈的指示燈亮了

可能原因

◇前方或後方的左轉或右轉燈壞了

◇閃爍系統燒壞了

如何處理

有兩個轉彎的指示燈，一個是代表車子左轉的燈，一個是代表車子右轉的燈，如果你的轉彎指示燈只有一邊亮，那就表示只有亮著的那個燈所指的那個方向燈是壞掉的，你需要更換那邊的燈泡。如果兩邊的指示燈都亮了，那就可能是閃爍系統燒壞了（那是一個繼電器開關使前後方的左右轉燈可以閃爍）。你可以依照使用手冊自己更換燒掉的燈泡，如果是閃爍系統的燈泡燒壞了，要帶你的車去給修車技師更換。

如果你要自己更換燈泡，有幾點是需要注意的，首先用乾淨的抹布擦掉燈泡基座的灰塵，然後接觸燈泡時必須要帶手套，特別是鹵素燈泡，因為手上的濕氣和細菌都會損壞燈泡的品質。

指示燈

問題——溫度表指針到達紅色(高溫)區

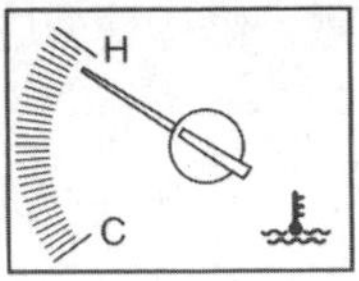

可能原因

◇引擎過熱

◇節溫器卡在開或關的地方

如何處理

這是一個潛在的危險狀況，請看第262頁的「引擎為什麼過熱」了解應該要如何來小心處理，以避免車子無法行駛，得花高額修理費的情形發生。

煞車問題

每台車子的煞車踩起來都有一點不同，經過一段時間，當你習慣了你的煞車之後，只要踩起來感覺有任何的不同，都可以察覺的到。

煞車為什麼會出問題原因很多，一些常發生的情形將會在以下的幾頁來描述，有些狀態下你可以很容易的解決問題，但是大部份的煞車問題是需要給修車技師處理。

煞車系統是不能馬虎的，它是悠關你駕車的安全，雖然真正的煞車失靈很少見，但是即使是煞車失效，也會讓你無法一下子煞住車子而造成車禍。有些人發現煞車一有問題時就會儘量避免使用，但是即使如此也會造成危險的駕車情況。

所以，如果你的煞車有不大對勁的狀況，而你卻無法馬上知道是什麼毛病造成，最好的處理方法就是讓修車技師為做煞車系統徹底檢查。你只要盡力的告訴修車技師車子哪裡不對勁了，是不是覺得踏板鬆鬆的？踩煞車的時候會發出聲音？即使在乾的路面上，車子還是會滑行？藉著你給修車技師的這些資訊，他就可以有個方向來偵查問題。

煞車問題

問題 踩不動煞車

可能原因

◇煞車碟盤過熱

◇煞車碟盤潮濕了

◇煞車軟管有破損或是纏繞的現象

◇煞車油管漏油

◇煞車油壺有問題

◇碟煞來令片或是鼓式煞車來令片會滑

如何處理

煞車踏板在你行經過雪花或是泥坑之後是不是變得很難踩，持續踩煞車會造成過熱而引起煞車不順，試著讓煞車休息個5分鐘讓它冷卻。

你最近有沒有開車經過深15公分以上的水坑。當水進入了輪子的煞車系統，你需要更多的力道踩煞車才能讓煞車有作用。要解決這個問題，請在開車的過程中輕踩煞車幾次，這樣才可以讓積在煞車裡面的水有機會甩開。

如果煞車沒有過熱或過濕，但是踏板卻開始難踩，馬上帶你的車去修車技師那裡診斷問題所在。

問題　當你踩煞車時煞車踏板反應遲緩

可能原因

◇煞車油不足

◇煞車油壺有問題

◇碟煞來令片或是鼓式煞車來令片已完全損耗

◇煞車系統裡跑入空氣

如何處理

打開引擎蓋檢查煞車油壺裡的煞車油，煞車油應該到達離壺口約6公釐的地方，如果沒有，需要加煞車油。

也看看你的煞車油壺有無破裂處，你可以用肉眼看出，或是看到有乾掉的油在煞車油壺上面，要請修車技師需要馬上換掉它。

如果煞車油和煞車油壺看起來並不是問題所在，馬上把你的車交給修車技師處理，你的前輪或是後輪煞車可能有磨損或者是有空氣進入了煞車油管，如果是後者，修車技師可能要把煞車系統整個處理過。

煞車問題

問題 ── 覺得煞車踏板鬆得像海綿

可能原因

◇碟煞卡鉗有問題

◇煞車油不夠或受污染

◇煞車軟管破損

◇煞車油管磨損

◇煞車踏板的連接處鬆了

◇煞車系統有空氣進入

如何處理

打開引擎蓋檢查煞車油壺裡的煞車油的品質與油量，煞車油應該到達離壺口約6公釐的地方，如果沒有就需要添加煞車油。

用幾根手指沾點煞車油，摸一下看看有沒有沙沙的感覺，如果有，趕快開去給修車技師處理，你的車可能會需要大幅檢修。如果煞車油沒有問題，還是要盡早把車帶去給修車技師作診斷。

問 題 — 踩踏板時，踏板卡住升不回來

可能原因

◇煞車管磨損

◇煞車踏板的連結卡住

如何處理

當你踩完煞車鬆開腳，煞車踏板應該要回升上到原來的高度，但是如果煞車踏板卡住了升不回來，你可能會有潛在的危險，請馬上把車開去修車廠診斷並處理。

問 題 — 當你煞車時踏板會跳動

可能原因

◇ABS系統正在運作中，在這種情況下跳動是屬正常

◇煞車碟盤卡住

◇煞車鼓有問題

◇煞車軟管破損

如何處理

這狀況就是一個很好的例子，提醒你要熟悉你所駕駛的車。在有ABS的車，當你用力踩煞車時會啓動ABS，ABS使用中煞車踏板跳動是很正常的情況。可是如果這個跳動是屬於不正常情況的話，你就面臨了潛在的危險，因為你的煞車零件可能出了問題，如果你不特別小心（指沒有馬上帶你的車去作檢查），就等於是拿自己的生命安全開玩笑。

煞車問題

問題　煞車時有聲音

可能原因

◇正常的，有些碟式煞車在煞車時會發出摩擦聲

◇煞車安裝不正確

◇煞車油管阻塞

◇煞車零件損壞

◇碟式煞車的磨損指示器，過度磨損

如何處理

這是另一個例子告知你了解你自己的車是多麼的重要，你用的是碟式煞車嗎？有些碟式煞車發出聲音是正常的，並沒有任何毛病。如果聲音是沒聽過的且有所不同，可能是磨擦到了磨損指示器，應該要換碟煞來令片了。

如果你最近才換碟煞來令片但還是有聲音，可能是沒有安裝好，帶你的車給修車技師檢查，如果他說這聲音是正常的，表示煞車沒問題，那你就要開始習慣這個新的、正常的煞車聲音。

一般來說，如果你的煞車開始會發出聲音，或聲音的高低頻率常常不同，就必須馬上把車帶去給修車技師檢查。

問題——煞車時有很大的聲音從車底下傳來

可能原因

◇球接頭磨損

◇避震器有問題

◇U型接頭磨損

如何處理

球接頭、避震器、U型接頭都是避震系統的一部份，如果任何一個出了問題，例如球接頭乾裂車就會沒辦法動。那尖銳的聲音就是代表這些部份的其中之一可能快要壞掉了，為了避免你可能將要花費大量的修車費用，請把車停到路旁打電話叫拖車來，拖去你修車技師的修車廠修理。

問題——煞車時，車內上方的燈亮了起來

可能原因

◇保險絲斷了

如何處理

煞車時，車內上方的燈亮了起來，可能是車內上方燈的保險絲斷了，要盡早把這個保險絲換好，請看第159頁的介紹來換。

煞車問題

問題 煞車時，車子會往某一邊傾斜

可能原因

◇某個輪胎的胎壓不對

◇煞車碟盤濕掉了

◇底盤定位不正確

◇碟式煞車卡鉗鬆了或是卡住

◇煞車軟管或是油管磨損

◇煞車油遭污染

◇避震系統有問題

如何處理

當你煞車時，車子並不是馬上就偏到一邊，而是慢慢形成的狀況，這一定是已經發生了一段時間，漸漸嚴重到令你注意到的情況。檢查每一個輪胎的胎壓，如果所有的輪胎都有適當的胎壓，早一點把你的車帶去修車廠修理，越晚處理車子會偏離得更多，造成危險狀況。

怪聲音

一個非預期的聲音通常會讓你頭痛，如一個突然的巨響常常代表著輪胎破了，其他的聲音則比較複雜，代表各種不同的狀況。

當你開車在路上，突然有個奇怪聲音傳出時，你需要馬上把車子停到路旁，依照下列幾頁所給的指示來診斷問題。

有關聲音部分我們分成以下六部份來討論：

- 發動引擎時有奇怪的聲音。
- 有奇怪的聲音從引擎區傳出。
- 開車時有奇怪的聲音由車底下傳出。
- 煞車時有奇怪的聲音傳出。
- 奇怪的聲音從車後方傳出。
- 奇怪的聲音從汽車附屬配件上傳出。

好啦！做個深呼吸，記得，一個奇怪的聲響通常代表著另外一個問題而不是這個聲音的問題。

啓動時發出的怪聲

聲音——當引擎發動時有滴答聲

可能原因

◇電瓶沒電

◇電瓶線磨損或是壞了

◇機油不足

◇使用不正確等級的機油

◇交流發電機有問題

◇啓動馬達的皮帶鬆了

◇啓動裝置有問題

◇分電盤蓋有破損或是毀壞

◇火星塞線有問題

◇點火開關和啓動馬達之間的電線鬆了

如何處理

如果引擎發出滴答聲卻發不動，最大的嫌疑在電瓶，看看電瓶的指示燈有沒有亮起來，當你轉動鑰匙，在儀表板上的所有指示燈應該會亮個幾秒之後熄掉，如果電瓶燈還亮著那就表示是電瓶裡的電解質不足。

打開引擎蓋，帶上手套，開始檢查電瓶，電瓶的尾端和電瓶柱有沒有產生一堆白色的酸屑？如果有就把它清潔乾淨。如果你身邊沒有足夠的設備，只要拿個乾淨的抹布把電瓶柱和電線尾端擦乾淨即可。

稍微搖動電瓶線的尾端，如果是鬆了就拿螺絲起子把它栓緊，再試著啓動你的車，如果車發動了，恭喜你，你學會了如何保養電瓶，如果你的車還是沒有發動，把它充電看看有沒有用，如果還是沒用，咒罵引擎並無法使引擎起死回生，打電話給修車技師約個時間檢查。

如果引擎滴答響但是還是可以啓動車，可能是車子的電子或點火系統有問題，應該馬上和修車技師約個時間，以免你老是在啓動車時被滴答聲所干擾。

有時滴答的聲音產生是代表引擎裡面沒有足夠的機油來潤滑零件，當乾的活塞磨擦到引擎也會發出聲音。檢查機油，如果不夠就要加滿它，那滴答的聲音也可能是因為你使用了錯誤等級的機油，如果你不知道你最後一次加的機油是哪一種，就無法知道是不是這個原因造成的問題。如果你不知道是什麼原因造成滴答聲，必須馬上約個時間到修車廠讓修車技師檢查你的車。

啓動時發出的怪聲

聲音　當你轉動鑰匙時完全沒有聲音

可能原因

◇你的自排車排檔不是放在P（停車）的地方，或是手排車的排檔不是放在N（空檔）的地方。

◇駕駛人的安全帶沒有繫上

◇電瓶沒電或壞了

◇電瓶線鬆了

◇保險絲壞了或是沒有連接好

◇交流發電機有問題

◇點火開關或是點火線有問題

◇啓動馬達或是起動線圈有問題

如何處理

有時候你急著要出門，跳上車卻發不動，你轉動鑰匙但是並沒有任何發動的聲音怎麼辦？先不要著急，檢查你自排車的排檔是不是放在P（停車）的地方，或是手排車的排檔是不是放在N（空檔）的地方。你是否有繫上安全帶？有些車子的設計是如果沒有繫上安全帶就會發不動車。如果你檢查過了，排除了這兩個可能性，那就可能是電子或是點火系統有問題，把引擎蓋打開，脫掉你手上的所有飾品珠寶，戴上手套，查看一下電瓶，搖一搖電瓶線，把它拉近電瓶，但是不要碰到電瓶線尾端或是電瓶柱，如果發現是電瓶線鬆了，拿螺絲起子把電瓶線轉緊在電瓶柱上。查看電瓶線尾端是否有堆積酸屑，如果有，請依照指示清潔，如果你手邊沒有工具來清洗，可以把電瓶線搖一搖，先抖掉一些酸屑而讓你的車可以發動，當你回家後再好好地清潔你的電瓶線。也要檢查一下電瓶電解質的量如果電解質的量不夠的話，請加適量的蒸餾水進去。

如果試了這些都沒有用，試著將電瓶充電（要知道如何進行請看第258頁），如果還是不行？可能是交流發電機燒壞了或是啓動馬達壞了，或是點火線鬆了，此時你需要把車拖去修車廠處理。

聲音 ── 當你啓動車時引擎區有聲音發出，但開車時就沒聲音了

可能原因

◇變速箱油不足

如何處理

當你把引擎入檔時聲音就會停止，但是問題並不會就這樣神奇的消失了。如果變速箱油不足，變速箱齒輪會很乾，當你起動車子，齒輪彼此摩擦而發出叫聲，但是一旦暖好車，變速箱油從油底殼到齒輪，聲音因此停止。

啓動時發出的怪聲

聲音 當你想啓動時，車子一直嗡嗡叫

可能原因

◇變速箱有問題

◇引擎機構有問題

如何處理

啓動時聽到嗡嗡叫聲而車子也發動，你仍需要馬上與修車技師約個時間檢查。變速箱是一個難搞的機械元件，或許這次你只要加引擎機油就可以了，然而下次它可能決定不玩難發動的遊戲，而是讓你完全發不動。

這聲音也有可能是由傳動軸發出，如果傳動軸壞了而你卻繼續開，它就會一直叫到壽終正寢。然後你得花很多錢才可以讓你的車再上路。所以最好的處理方式就是當你啓動時車子卻一直嗡嗡叫，就要馬上和修車技師約個時間檢查。

模仿出車子的聲音

在修車技師面前模仿乒乒乓乓和尖銳的刺耳聲，你可能會覺得很愚蠢，但也唯有如此才能描述出你車子的情況，因而診斷出毛病。

引擎蓋下發出的怪聲

聲音　有聲音從水箱發出

可能原因

◇水箱蓋壞了

◇水箱有小漏水狀況

如何處理

當你開車的時候可能不會注意到聲音，但是一旦停下來你就會聽到。把車子停到路邊，在打開引擎蓋之前，靠近水箱的地方聽聽看，如果聲音很大，表示有冷卻水溢出的情形，不要對車施以任何動作，趕快把車拖去修車廠處理。如果聲音不大（如果你有點緊張，不要打開引擎蓋）就打開引擎蓋。在路邊找一個舒適的地方吃三明治或是讀本書，當聲音沒了，水箱冷了之後，戴上手套，小心的把水箱蓋打開。

檢查水箱有沒有斑點，如果有就是代表有漏冷卻水，再檢查水箱，如果看到有漏洞，你需要修理或者換一個新的水箱才可以再開車，記得打電話叫拖車把車拖去修車廠。

擦掉水漬，檢查水箱蓋有沒有裂痕。大部份的水箱蓋有一個塑膠的密封墊，它讓水箱和水箱蓋可以緊密，如果這個密封墊有裂，就會沒有辦法封緊。把蓋子放回去，到汽車材料行找一個相同的蓋子蓋回去，記得去的時候把壞掉的蓋子帶去，才可以確定你買的是對的。你可以考慮買一個加壓的水箱蓋，可以詢問修車技師或是汽車用品行的店員意見。

引擎蓋下發出的怪聲

如果水箱和水箱蓋看起來並沒有問題，檢查冷卻水的水量（依照指示，如冷卻水不足加滿它），啟動引擎，讓它跑大約兩分鐘，然後再檢查冷卻水量，如果冷卻水有少，開車會有危險，趕快叫拖車拖去修車廠。如果冷卻水沒有減少，你可以繼續開車，但是要馬上打電話約修車時間，為你的冷卻系統做一個徹底檢查，如果在你開車去修車廠的途中，聲音又出現了，你必須停止開車，打電話叫拖車來。

聲音 ─ 有乒乒聲從引擎區傳出

可能原因

◇皮帶張力不足

◇機油不足

◇機油等級不對

◇傳動控制系統堵塞

◇汽油不乾淨

◇不正確的辛烷值

◇活塞有問題

◇火星塞的點火狀況有問題

如何處理

乒乒的聲音，如果你的引擎曾經發出這樣的聲音就會知道我在說什麼，聽起來好像是鐵碰撞的聲音。如果車子的引擎機油不夠，引擎內的活塞得不到該有的潤滑會有聲音傳出。如果你開車的時候聽到這樣的乒乒聲，馬上停止開車檢查機油。你是否才剛加滿油？不好品質的油也可能會造成乒乒聲，加一罐油品添加物進去（依照上面標籤所指示而行）。如果是因為不好的油產生聲音，沒多久時間當油品添加物進入汽油系統，乒乒聲會因此而停止。重新加滿對的汽油，即使需要多一點錢也是值得的。

你是否剛做過汽車檢修，是否有換火星塞？如果火星塞的間隙不對，會沒有辦法點火使引擎順暢轉動。如果你才剛換火星塞卻由引擎聽到乒乒的聲音，把車帶去修車廠檢查火星塞的點火問題。

引擎蓋下發出的怪聲

聲音 引擎有空轉的聲音

可能原因

◇汽油品質不好

◇雜質或水進入汽油箱

◇空氣濾網髒了

◇自動變速箱油不足

◇皮帶磨損

◇分電盤的蓋子破損了

◇排氣系統有問題

◇消音器或尾管有彎曲或是塞住

◇汽油濾芯塞住

◇汽油噴嘴髒了

◇管線糾結或是有滲漏

◇火星塞點火有問題或是髒了

◇火星塞線磨損或是鬆了

如何處理

如果引擎有空轉的聲音傳出，表示它沒能好好發揮完全功能，你可以讓你的車一直處在這種狀況下，或是想辦法解決，可以自己處理，或是請修車技師幫你忙。

你是不是才剛加油，不好的汽油會讓引擎跑起來不順，車會這樣一直到這些不好的汽油用完，你可以加一瓶油品添加物來使這些油在用盡前有些改善情況的，依照添加物的說明來使用。

你是不是經常把車開到油箱幾乎空了，空的汽油箱會給水氣機會累積，水和油是無法混合的，這樣的油會讓引擎跑起來不順，從現在起要常把你的油箱加滿，不要讓汽油刻度表的刻度掉到下半邊來。

如果你已排除是汽油品質不好或是水滴入汽油箱所引起，打開引擎蓋開始檢查以下的項目：

■空氣濾網

空氣濾網是否超過應該換掉時間了？它是否已經髒到當你把它從空氣濾清器上取下來時，灰塵會掉落，如果是如此，應當把它換掉。

■風扇皮帶

如果你的車有風扇皮帶，要檢查，看是否平順，意思就是說當你用兩根手指拉的時候應該不會拉離超過1公分，如果覺得有過鬆或過緊的情況請修車技師調整它。如果有破裂或是磨損時請讓修車技師換掉它。

■分電盤的蓋子

把分電盤的蓋子打開檢查一下再蓋回去（即使是一個極小的隙縫也會讓引擎不順（請看第248頁以得知細節）。

引擎蓋下發出的怪聲

■管子

注意看看管子，例如上水箱管和下水箱管，看尾端有沒有破裂或是磨損或是漏的情況，如果這些管子有問題，請修車技師換掉它們。

■火星塞線

確定所有的火星塞線正確連接到火星塞（戴手套檢查才不會被電到），如果火星塞線尾端有磨損，請修車技師更換。

如果排除這些引擎區的物件，走到車子的後方看一下，消音器和尾管是不是有破洞或是生鏽？如果有就找到問題了，和修車技師約個時間來診斷這些排氣系統的零件。

如果無法找出為什麼你的車會有空轉的情形，儘早帶去給修車技師診斷修理。

小叮嚀

在等待拖車的時候，寫下你車子發生的情況，並且也記下在什麼速度的時候車子開始有毛病，以及發生多久之後車子才停下來。

聲音 ── 引擎蓋裡面發出怪聲

可能原因

◇火星塞鬆了

如何處理

當你聽到有橡膠拍打的聲音時，可能是在火星塞底部的橡膠護套有脫落現象。把引擎蓋打開，戴上橡皮手套，檢查所有火星塞線，要確認和火星塞完全緊密結合，沒有鬆脫，而且表面也都沒有磨損的痕跡。如果有任何的線路脫落，不要直接碰觸，要立即聯絡車廠，更換新的零件。

聲音 ── 引擎蓋下發出尖銳聲音

可能原因

◇空氣濾清器的蓋子彎曲變形

◇動力方向盤油壺的油過低

◇水箱蓋有問題

◇鬆了或是磨損的皮帶

◇交流發電機有問題

◇水幫浦有問題

如何處理

要換掉空氣濾網前，你必須先打開空氣濾清器的蓋子，把舊的空氣濾網移除換上新的之後，再把空氣濾清器的蓋子蓋回去鎖緊。一直常常的打開、鎖緊，又打開、又鎖緊使得蓋子會漸漸變形，如果空氣濾清器的蓋子無法與下方完全密合，空氣會由這隙縫跑出而發出尖銳聲或是口哨聲。你可以自行決定是否要繼續聽這些聲音或是要為你的車投資一個新的空氣濾清器的蓋子（需要配合你的車型車號購買）。

另外一個檢查項目就是看看動力方向盤油壺的油是否過低，如果潤滑不夠，它們相互摩擦就會發出尖銳聲，檢查動力方向盤油壺，需要的時候加滿它。

尖銳聲也可能是由水箱蓋發出的，當你的車暖了，冷卻系統在裡面充滿壓力，如果水箱蓋沒有套得很牢固，會聽到尖銳的聲音，水箱蓋並不貴，可以買一個新的蓋上去試試看聲音會不會停止，在和修車技師約時間修理之前，試看是否能解決問題。如果換上新水箱蓋還是不能解決問題，儘早帶車去給你的修車技師修理。

聲音——當車停下來的時候有滴答聲從引擎區傳出

可能原因

◇機油不足

◇引擎閥門有問題

如何處理

當你聽到滴答聲通常是因為潤滑不夠的原因，先把車停到路旁等引擎冷卻，然後檢查機油。如必要的話請把它加滿。

如果油量沒問題，可能是一個有問題的閥門在引擎阻擾機油的流通，馬上和修車技師約個時間做檢查，機油不夠會讓引擎過熱，進而會產生嚴重的問題。

聲音——當引擎啓動的時候發出汽笛聲

可能原因

◇空氣濾網塞住

◇皮帶鬆了

◇管子破了或是沒連接好

◇真空管有漏洞

◇曲軸箱PCV閥有問題

◇引擎真空管密封處有漏洞

引擎蓋下發出的怪聲

如何處理

你應該有辦法自己找到這聲音的來源，打開空氣濾清器，用眼睛檢查空氣濾網。

檢查汽車使用手冊看看應該多久換一次空氣濾網，你是否已經超過了更換時間？

如果你的車有風扇皮帶的話要檢查一下，看是否平順，意思就是說當你用兩根手指拉的時候應該不會拉離超過1公分，如果覺得有過鬆或過緊的情況請修車技師調整它。如果有破裂或是磨損要換掉。

檢查每一個管子看有沒有裂，看它的源頭有沒有連接好，如果沒有連接好就把它接回去，如果有破裂，讓修車技師把它換掉。

如果以上這些都沒有問題，檢查一下PCV閥，如需要的話就更換它。

如果還是找不出問題，可能是有空氣進入引擎，活塞在引擎內真空狀態中上上下下，一旦有漏縫，空氣進入真空管內就會發出汽笛聲，這時要請修車技師為你的車做檢查。

怪聲從下方來

聲音 當你換檔時，突然砰的一聲

可能原因

◇傳動檔滑掉

◇CV接頭鬆了

◇變速箱油不足或是髒了

◇U型接頭有問題

如何處理

當你換檔的時候有砰的一聲，代表可能是傳動系統有問題。不幸的是傳動系統修起來很麻煩而且很貴，然而你越是不處理，將來修起來就會越貴，依照指示檢查變速箱油，如果油量不足請加滿它，但是還是要約個時間去修車廠做檢查。

聲音 吱吱嘎嘎的聲音從輪子傳來

可能原因

◇碟式煞車的磨損指示器提醒你是該換碟煞來令片的時候了

◇輪軸軸承磨損或是潤滑不足

如何處理

大家都知道，越是不處理修理費就會越高，不論是換碟煞來令片或是輪軸軸承的潤滑都一樣，這個問題需要讓修車師知道，儘早和他約個時間處理。

怪聲從下方來

聲音　轉彎的時候前輪有喀喀喀的聲音

可能原因

◇CV接頭的防塵套有裂痕

◇避震器壞了

如何處理

當你的車在轉彎的時候前輪有喀喀喀的聲音，可能是前方的避震器有問題，修理避震器很貴，但是如果你的避震器壞了而不馬上處理，修理費會越來越貴，所以儘早在你方便的時候和修車技師約個時間做檢查。

聲音　輪胎附近有嘎嘎作響的聲音

可能原因

◇石頭、碎石子或一些雜質跑進輪子和鋼圈蓋之間（沒有鋼圈蓋自然無此現象）

◇碟煞來令片裝得不正確

◇煞車零件磨損或是遺失

如何處理

因為這個問題是屬於煞車的毛病，所以是很重要，需要馬上找出問題所在，首先先清掉跑進輪子和輪蓋之間的石頭、碎石子，把四個輪子的鋼圈蓋取下來，檢查每個輪胎的內側面有沒有小石頭，如果有就把它清乾淨後再把鋼圈蓋裝回去，完成就可以再上路。如果沒有再聽到嘎嘎聲，就表示問題已經解決，如果狀況仍舊一樣就是煞車有問題，要馬上把你的車帶去給修車廠檢查。

聲音　嘎嘎聲從車底下傳出

可能原因

◇排氣系統的零件壞了（例如消音器和尾管）

◇固定住排氣系統的螺絲等等零件鬆了

如何處理

排氣系統壞了是很危險的，零件壞掉會使一氧化碳進入你的車，固定住排氣系統用的螺絲等等零件並不貴，不論是哪裡造成聲音傳出來，需要請修車技師協助，所以盡快帶你的車到修車廠去做處理。

聲音　經過地上的突起物或坑洞時有嘎扎嘎扎的響聲

可能原因

◇避震器壞了

◇彈簧或是其他避震系統的零件壞了

如何處理

避震器壞了無法使你在行駛時避震，而且漸漸的會帶給你頭痛的時間。避震器壞了，只要你停車，車子就會一直搖晃，

怪聲從下方來

如不處理就會一直搖晃到有一天你的頭撞到車頂，一個避震器彈簧壞了，代表整個避震系統可能會有很大的毛病，早點帶你的車去給修車技師診斷。

聲音　輪胎有砰的聲音

可能原因

◇爆胎

◇輪胎的胎壓不對

◇不正常的四輪平衡

◇四輪定位不正確

如何處理

輪胎需要承受很大的工作，它載你、死命的轉，經過高速公路、大街小巷，有一天突然聽到砰的一聲，緊接而來的是覺得車子行駛有困難時，就是車子爆胎了，儘快把車停到路邊，準備換輪胎。

一個怪異的砰聲也可能代表你一個或者是更多輪子的胎壓不夠，如果胎壓不夠，把它加到應有的胎壓數，如果胎壓並沒有問題，可能是不正常的四輪平衡或是四輪定位不正確，這個聲音是為了要讓你知道情況。因此在發生爆胎之前要帶你的車子去給修車技師檢查並解決問題。

聲音 當你踩油門時有砰的聲音由車底傳出

可能原因

◇球接頭壞了

◇避震器有問題

◇U型接頭有問題

如何處理

這些可能原因都與避震系統有關，可能是避震系統的某個零件壞了，導致其它部份也會跟著損壞，在你最快方便的時間，請修車技師為你評估所有避震系統的損害情形。

煞車時發出的怪聲

聲音　煞車有嘎吱聲

可能原因

◇碟煞來令片就是會響，這是正常的

◇煞車安裝不適當

◇煞車油管有阻塞

◇煞車零件有問題（例如，鼓式煞車來令片、彈簧）

◇磨損指示器告訴你碟煞來令片現在很薄

如何處理

以這個例子來說，如果你了解你的車，就可以幫助你找出問題，如果你的是碟式煞車，會這樣響是很正常的。如果這個聲音是新的而且聲音和一般不同，那就可能是碟煞來令片的磨損指示器正磨損著煞車碟盤。這是在告訴你該換碟煞來令片了。

如果才剛換煞車，當你煞車時會發出聲音，可能是它們沒把它安裝好，帶你的車回幫你裝煞車的修車廠，請他們檢查，如果煞車沒有問題，你就要習慣這個新的，正常的煞車聲。

以一般來說，當你車子的煞車開始嘎吱響，或者聲音常常改變頻率，就得馬上帶你的車去做煞車系統檢查。

聲音 當你煞車時有砰砰聲從車底傳出

可能原因

◇球接頭有損壞

◇避震器有問題

◇U型接頭有損壞

如何處理

球接頭、避震器、U型接頭對車子都很重要，這個車底下傳出的砰砰聲是告訴你這些其中的某一項零件快要壞了，把車停到路邊，請拖車幫你拖去修車廠處理。

車後方發出的怪聲

聲音 後方有鞭爆聲

可能原因

◇汽油品質不好

◇有空氣進入機油系統

◇自動變速箱油不足或是受到污染

◇分電盤的蓋子破損

◇汽油濾芯塞住

◇消音器或尾管有漏洞

◇火星塞點火有問題或是髒了

如何處理

這個聲音是不是你最近的這一次加油後才發生的？如果是，就表示你加了品質差的油，買一瓶油品添加劑，照著產品標籤上所說明的方式加進去汽油油箱內，如果車子的後爆聲是因為這個原因所引起，當油品添加劑流經油燃系統之後，情況就會有改善。記得要換一家加油站重新加油，即使這家加油站的油價比原來的那家要多一點。

也要依照著75頁的指示檢查自動變速箱用油，如果油底殼裡的油不夠，就要把它加足，如果油底殼裡的油量是對的，用幾根手指頭沾自動變速箱油後把油用手指推開，這液體應該不能沙沙的，如果會，就要儘早帶你的車去修車廠做徹底的檢查。

如果既不是汽油不好，又不是自動變速箱油的問題造成後爆聲，儘早讓修車技師知道並處理。

聲音——車後方有咆哮聲

可能原因

◇差速器齒輪有問題

◇後差速器齒輪油不足

如何處理

如果你的後差速器齒輪壞了你會知道，因為你的車會突然停止好像是撞到牆一般，這個咆哮聲是在警告你它快要壞了，這個問題你自己無法解決，所以馬上打電話叫拖車直接拖到修車廠去。

聲音——嘎嘎作響的聲音從車後傳出

可能原因

◇車牌鬆了

◇後車箱沒關好

如何處理

奇怪的聲音常常會令人害怕，這是代表要付修車費的意思，但是如果是這個例子你就不需要害怕了，可能是車牌其中的一個螺絲鬆了，所以車牌與車子碰撞發出聲音。如果你有發

車後方發出的怪聲

財車或是一些其他款式的車後門有栓鎖，如栓鎖沒有栓緊也會發出嘎嘎作響的聲音，解決方法很簡單，只要把車牌的螺絲栓緊，或把你車後門的栓鎖關緊就可以了。

聲音 隆隆作響聲從車後方發出

可能原因

◇排氣管有裂縫

如何處理

如果你的車聽起來像是有摩托車的聲音，就是排氣管有裂縫，儘早帶你的車去修車廠評估排氣系統。

聲音 刺耳的金屬聲從車後方發出

可能原因

◇消音管鬆了

◇尾管鬆了

如何處理

刺耳的金屬聲從車後方發出時，可能是因為消音管和尾管鬆了而拖在地上磨擦所發出的聲音，如果附近有修車店，到那裡請他們幫你把它們重新固定好（這不會花太長時間也不會花多少錢），如果這些垂下來的東西在你到達修車廠之前就掉了，回頭去把它找回來。

配件發出的怪聲

聲音 嘎吱聲從冷氣傳來

可能原因

◇這是正常的情況，如果冷氣很久沒用了就會有聲音

如何處理

冷氣開始時會有聲音是正常的情況，過幾分鐘後這聲音就會停止，如果任何冷氣系統的零件有壞，可以察覺到的是缺乏冷卻水的聲音而不是冷氣的嘎吱聲。要保持冷氣在好的狀況下，不論天氣如何，每個星期都要把冷氣開個幾分鐘。

聲音 使用雨刷時，吱吱喳喳的聲音傳出

可能原因

◇雨刷水不足

◇雨刷馬達有問題

◇保險絲壞了

如何處理

雨刷是否可以移動？是否啟動了噴雨刷水的開關，吱吱喳喳的聲音可能是在告訴你雨刷水沒了，可能是雨刷水槽沒雨刷水了，或是雨刷水結塊，打開引擎蓋查看一下情形，如果雨刷液水沒了，請加滿它，如果雨刷水結塊（例如把車開上合歡山過夜），把車開到溫暖的地方，等到雨刷水溶化為止，當雨刷水溶化，一直按噴灑把雨刷水用完，當你要加新的雨刷水

之前，檢查一下看雨刷水槽有沒有裂開（當液體變冷體積會擴大），如果有點裂縫，先把它加滿新的雨刷水，再打電話給修車技師請他幫你訂一個你車型車號的雨刷水槽。

如果雨刷不能動而發出吱吱喳喳的聲音，那就是保險絲壞了或是雨刷馬達有問題。先作個檢查，如果需要的話就換掉雨刷的保險絲（請照159頁的指示），如果保險絲沒有問題，和修車技師約一個檢查時間。

用鼻子偵測

車子的排出的氣體是有毒的，當你的車停在大卡車或是大貨車後面，這些廢氣通常會讓你停止呼吸，雖然你把窗戶搖起來但是味道還是滲入暖氣或是冷風口，你沒有其它辦法只能等味道散去。

不過請等一下，這有毒的氣體會不會是從你的車發出來的？這是一個很好的問題，如何能得知味道是由你自己的車發出或是由經過的車所帶來的？當你在開車時，車子所發出的味道讓你很難受，這可能是你引擎有嚴重問題的現象，但是如果你被一堆車子所圍繞，就無法清楚分辨味道的來源了。

一般而言，如果味道很強烈而且你的前方並沒有很大的廢棄來源（例如一輛生鏽的大卡車釋放出大量的黑雲狀廢氣），你應該馬上把車停到旁邊來確認這味道到底是不是來自你的車，讓你的引擎繼續轉動，站在車外用鼻子作偵測，如果味道消散了，那就不是你的車排出來的味道，請遵照以下幾頁所作的各項建議做處理。

奇怪的味道

味道 發動引擎時有汽油燃燒味，但一會兒就消散了

可能原因

◇變速箱油不足

◇內部引擎有漏氣

◇排氣歧管附近有漏油（有明顯的藍色或是黑色的煙從排氣系統出來）

如何處理

燃燒的汽油味你可以聞出來，因為它的味道和燃燒的塑膠有明顯的不同，檢查自動變速箱油是否不足，不足的話請加滿它。自動變速箱油會漏是一個嚴重的問題，所以如果它老是不足，你必須告訴修車技師這個問題。如果自動變速箱油並沒有問題就表示引擎有毛病，儘早請修車技師為你的車作一個徹底的檢查。

味道 燃燒的油漆味

可能原因

◇冷卻系統有問題

如何處理

冷卻系統和油漆有什麼相關？沒有相關，但冷卻系統壞掉的味道就是和油漆燃燒的味道很像，冷卻系統是車子的主要命脈，所以馬上和修車技師約定時間把問題查出來。

味道 燃燒的塑膠味

可能原因

◇電線短路

◇電線絕緣體燃燒

如何處理

電線有問題會釋放出塑膠燃燒的味道，你並不希望碰觸到暴露的電線或是它所散發出來的熱，最好打電話給修車技師，把車拖去修車廠，請他馬上為你的車作檢查。

味道 燃燒的橡皮味

可能原因

◇輪胎過熱

◇煞車過於磨損

◇輪胎內部起火

如何處理

如果你曾經靠近過一台突然瘋狂行駛、輪胎摩擦著柏油路發出尖銳聲音的車，接下來你就會聞到橡皮摩擦的味道，這個味道來自輪胎，是輪胎和柏油路面摩擦而成。

輪胎在高溫下可能會引起內部起火，如此可能會容易引起輪胎爆破。如果你並沒有突然急速行駛卻聞到橡皮燃燒的味道，就要把車停到一邊去。小心的接近每一個輪胎，感覺一下是否有溫度從輪胎傳出，如果你感覺到輪胎有熱氣傳出，遠離輪胎且馬上叫拖車來。

如果輪胎沒有問題但是味道仍然持續，檢查一下煞車，一旦煞車磨損過度，煞車會無法正常運作，當你煞車時，輪胎會滑向某一邊。如此也會產生橡皮燃燒的味道。馬上去修車廠請修車技師檢查前方和後方的煞車。

味道——排氣的味道

可能原因

◇別的車來的排氣

◇你的排氣系統有問題

如何處理

有沒有過在炎熱的夏天裡，塞在擁擠的路況下走走停停？這不只需要耐心也是一個考驗，你得聞一堆會讓你窒息的廢氣，使用車內部循環的按鈕以減少外面空氣進入。與其超越前面的那輛車不如與它保持距離，避免它的廢氣進入你的車。不要把所有的廢棄都歸咎於身旁經過的車輛，當你的排氣系統有問題，廢氣很可能會滲進去車內，這個一氧化碳是可能致人於死的，如果你無法分辨這味道是由外面來的或是從你的車排出，可以把車窗搖下來，讓新鮮的空氣進來，如果味道還是持續，馬上把你的車帶去修車廠檢查排氣系統。不論如何要開著窗駕駛，即使現在的天氣是冷或熱。

味道 汽油味

可能原因

◇汽油噴油嘴系統有問題

◇油管破裂

◇油箱有漏洞

◇汽油幫浦有問題

◇油箱蓋開著

如何處理

任何時候你聞到汽油味（在剛加油離開加油站時不算），先聞聞看是不是你的車，如果聞到是你的車有汽油味，要小心且馬上叫拖車拖走，漏油的情況會引起爆炸。

如果油味消散表示味道是從經過的車傳來的，你可以繼續開，但是如果又聞到汽油味，為安全起見，停止開車叫拖車來把車拖走。

奇怪的味道

味道 ── 油味

可能原因

◇機油不足或沒了

◇排氣控制系統塞住了

◇不正確的機油等級

◇柴油車經過

◇附近有煉油廠

如何處理

依照第96頁的指示檢查機油，如不足的話加足它，如果油量並沒有問題，或是當你加滿了油味還是持續，儘早帶你的車去給修車技師檢查，免得大修。例如你車其中的一個排氣控制系統塞住了，產生汽油味，但是並沒有作任何的處理仍然繼續的開，結果就是你車內很貴的重要零件將會需要更換。

當然在你叫拖車之前你要先停下來想一想剛剛有沒有柴油車經過，或者是那個地方有沒有煉油廠，這兩種情況都會讓你聞到汽油味。

車內外有滲漏

當你把車開出停車場，看到車底下有液體，或者是儀表板下的地毯濕濕的有，你的車子可能有滲漏的狀況。大部份滲漏的情況發生在引擎區，滲漏出來的液體經過引擎而漏到車底或儀表板下，一般而言只有修車技師才能解決，你所能做的只是去判斷可能是什麼原因造成漏洩，或是知道需不需要馬上和修車技師約個時間。

判斷液體

顏色	可能的液體
綠色	冷卻水
粉紅色	冷卻水
透明	水
咖啡色	機油
黑色	機油
紅棕色	自動變速箱油或動力方向盤油
淺棕色	煞車油或動力方向盤油或汽油

不要對車底下漏出的幾滴油漠不關心，一點點漏油如果不在意，很快的就會造成大的機械問題。而且小漏較容易修理，如果變成大漏，修理起來需要很多的時間和零件，而最後的結果就是：一張費用很高的維修帳單。

液體滲漏

問題 有水在車下面的地板上

可能原因

◇從冷氣機出來的水

如何處理

這很正常，事實上，如果你使用了冷氣卻沒有水在車底下，冷氣可能有問題，應該要讓修車技師檢查一下。

問題 有機油在你車下面的地板上

可能原因

◇從機油濾芯或是油底殼漏出

如何處理

如果你才剛換機油，馬上帶你的車和收據去那個修車廠，叫他們重新檢查一次，可能原因是機油濾芯沒有裝好，也可能是封住機油濾芯的舊塑膠墊片沒有移除，或新的塑膠墊片沒有封好，如果新的機油濾芯和引擎油孔沒有栓緊，機油就會漏出來。

也可能是拴住油底殼口的螺絲鬆脫，沒能鎖緊而造成機油從油底殼滲出，如果你不是剛換機油，就要趕快把車帶去修車廠做個檢查。

問題——有冷卻水在車下面的地板上

可能原因

◇冷卻水系統滲漏

如何處理

如果冷卻水漏很快，快到把副水箱的冷卻水漏光，你要趕快加冷卻水進去，同時馬上和修車技師約個處理時間。如果冷卻水漏很慢，你可以先行處理，用抹布擦掉灑出來的冷卻水。冷卻水是有毒的，你不會希望鄰居的貓、狗舔到它，記得把擦過冷卻水的抹布放到塑膠袋裡去丟進有蓋子的垃圾桶裡。

問題——有自動變速箱油在車下面的地板上

可能原因

◇自動變速箱的油底殼或油管有漏

如何處理

檢查自動變速箱的油底殼，靠近看看有沒有潮濕的斑點，如果有，可能是瓶口沒有鎖緊或是鎖緊瓶口的螺絲鬆了，油才會從隙縫滲出來在外面形成累積，以它漏的情況來決定你何時應該把車送修。如果自動變速箱是持續的漏油，會漏到把油底殼的油耗盡，所以你應該把油加滿，馬上和修車技師約個時間，如果漏油漏得很慢你可以找你方便的時間儘早的去解決問題。

問題 有動力方向盤油在車下面的地板上

可能原因

◇動力方向盤的油壺或是油管有漏

如何處理

檢查自動方向盤油油壺，看哪裡有漏出來的痕跡，是由油壺漏出或是由連接油壺的油管漏出？儘早把這訊息告知修車技師。

問題 有汽油在車下面的地板上

可能原因

◇從汽油系統漏出

如何處理

如果你看到或是聞到可能是汽油漏出，需要立即解決，汽油是易燃物，你不希望有任何一滴汽油滴在灼熱的引擎上，馬上把你的車帶去修車廠做徹底檢查。

問題　有煞車油在車下面的地板上

可能原因

◇從煞車油壺漏出

◇從離合器油壺漏出

如何處理

檢查這兩個油壺和延伸出來的油管找尋漏油的源頭，如果油漏得很快，快到足以把油漏光時你就需要加油，馬上和修車技師約個修車時間，如果漏油漏得很慢你可以找方便的時間儘早的去解決問題。

問題　有水在後車廂

可能原因

◇下大雨時有水滲進去後車廂

◇雨刷水漏到後車廂去了

如何處理

如果你的後車廂潮濕發霉，就是擋雨橡皮條可能龜裂了，檢查需不需要更換，和你的修車技師討論一下狀況。

你有後雨刷嗎？如果你常停車在斜坡上，因為重力的因素，後雨刷水會滲入後車廂，這個問題很容易解決，你只要把車停在平地就可以了。

液體滲漏

問題 有水或水氣在車內

可能原因

◇冷氣管線有鬆掉或是破裂

◇雨刷的基座有裂

◇車門的擋雨橡皮條有鬆掉或破裂的情形

如何處理

如果車內在下雨後有水氣或水滲入，可能是擋雨橡皮條龜裂了，檢查需不需要更換，和修車技師討論一下狀況。

如果這水氣或水在下雪後滲入，可能是你刮玻璃上的冰雪時把雨刷基座損壞了，如果真是這問題，你所需要的不是修車技師，而是汽車美容中心，可以請修車技師為你推薦一間聲譽較好的汽車美容中心。

如果你的車有空調而你注意到水氣是由儀表板下冒出，那就要請你的修車技師幫你檢查一下冷氣系統。冷氣系統內的冷凍劑是易燃物，你當然不希望有一陀冷凍劑在你的車裡，更不希望冷凍劑碰觸到引擎區內發熱的任何一個部份。

問題 有冷卻水在儀表板下

可能原因

◇暖氣芯有毛病

◇暖氣管或暖氣閥破裂

如何處理

如果你看到綠色或粉紅色的一陀東西在儀表板下的地板上，可能是暖氣芯、暖氣管或暖氣閥有毛病。讓修車技師檢查一下這些部份，需要的話要做修理和更換。冷卻水是有毒的，它的味道會讓你感覺頭痛，所以必須要趕快做處理。

小叮嚀

若車內的地毯已經潮濕了，聞起來好像有霉味，以這個例子而言，可使用專業的蒸氣地毯除污器，它的高溫蒸氣可以殺掉任何黴菌並除掉霉味，如果你知道發霉的原因，例如冷氣系統有滲漏，或著是翻倒了的牛奶，要把發霉的原因，告知汽車清潔工。

駕駛、停止和避震

有時候全心全意的照顧車，保持車子在最佳況並不一定是很健康的行為，定期保養可以讓你的車壽命增長且避免一些不幸發生，但是車子的結構並不是每個人都可以理解的，零件損耗、控制系統壞了常常是在無法預期的狀況下。

接下來的這幾頁是介紹一些駕駛們最常見的一些汽車毛病的解決方法，這些包括部份較難解的問題，例如你的車老是容易偏向一邊，或是常不正常的震動等問題。你覺得需要去注意這些問題，但也不希望成為一個吹毛求疵的人。一般而言車子是很堅固耐用的，一直到發現有磨損情況發生之前，你都可以放心、盡情使用它。

接下來的內容就是要教你判斷事情的輕重以解決問題。

駕駛、停止和避震

問題 車子開起來不穩、感覺顛顛簸簸

可能原因

◇避震器有問題

如何處理

當你的避震器漸漸失效時，聰明的你應該找修車技師談談，問問他狀況有多嚴重。不需要因為避震器沒有達到100分而換掉它，你仍可以繼續駕駛。主要問題是，你能容忍多久。

當你無法繼續容忍了就去把避震器換掉。

問題 引擎沒問題，但是踩油門時車子不動

可能原因

◇有東西擋住輪胎

◇煞車來令片卡住了

◇自動變速箱油不足或是髒了

◇離合器會打滑

◇離合器調整錯誤

如何處理

從你的車出來，很快的走一圈看看有沒有東西放在車前或車後的輪子旁，如果沒有任何東西擋著，打開引擎蓋，檢查自動變速箱油，如不足把它加滿。

如果自動變速箱沒有問題，或者是在你加滿之後仍無法

啓動車，煞車來令片可能卡住了，如果最近你有把你的車開經過深水坑，或曾有暴風雨來襲，煞車會有水跑進去而讓煞車卡住，使車動彈不得。如果是這情況要等水乾了才可以啓動車。

　　如果以上這些方法都無法使你的車發動，打電話叫拖車把車拖去修車技師那裡檢查。

問題　加速的時車子沒有動力或是失去動力

可能原因

◇汽油不足

◇電瓶電力不足

◇電瓶線鬆或是髒了

◇分電盤破損

◇火星塞線鬆了或是磨損

◇火星塞點火裝置不對或是髒了

◇離合器打滑

◇電腦系統有問題

◇排氣控制系統有阻塞

◇汽油濾芯堵塞

◇油管滲漏或阻塞

◇汽油幫浦有問題

◇氣缸頭墊片漏氣

◇觸媒轉換器有毛病或是壞了

◇消音器或是尾管塞住或是彎了

◇活塞磨損

如何處理

檢查汽油刻度表，汽油是否剩下很少，如果是的話就不用擔心是機械的問題，記得從此以後油箱至少要維持1/2滿，現在要做的，是去找一個加油站加滿油。

一般而言，加速的時候車子沒有動力或是失去動力代表機械有嚴重的問題需要讓修車技師知道。然而有幾點是你可以嘗試檢查的。首先打開引擎蓋檢查電瓶，看看電瓶線有沒有鬆了，電瓶線尾端有沒有磨損？如果鬆了的話把電瓶線栓緊，但是如果電瓶線的尾端是磨損的，要盡快換掉。檢查電瓶裡每個槽電解質的含量，如果任何一槽的電解質不足，加蒸餾水進去，如果電瓶柱和電瓶線上面有酸屑凝結，把它清乾淨。

如果你的車有一個分電盤蓋，把蓋子移開檢查裡面和外面，看看有沒有裂縫（請看第256頁），如果有裂縫，請修車技師訂一個新的給你。

確定所有的火星塞線有連接到各自所屬的火星塞（要戴塑膠手套才不會被電到），如果火星塞線尾端有磨損請修車技師換掉它。

如果檢查無法解決問題，那就是請求幫助的時候了，需要儘快和修車技師約個時間。

問題 加速的時候車子偏向一邊

可能原因

◇前輪的輪胎有一邊的氣不足或是沒氣，因此車子向沒氣的那一邊偏

◇前輪的胎紋不平均

◇前輪的大小不一樣

◇輪胎沒做定位

◇齒條式方向盤系統鬆了

◇避震器有問題

◇彈簧壞了或疲乏

◇球接頭磨損

如何處理

把車停在安全的地方檢查輪胎，如果其中一個爆胎就把它換掉。檢查前兩輪的胎壓，如果其中一個胎壓低，儘快把氣加足。檢查兩個輪胎的胎紋，如果其中一個輪胎的胎紋有磨損或是不規則（請看第130-131頁的圖），讓修車技師知道這件事。

問題　車子在冷的天氣熄火了

可能原因

◇髒的空氣濾網

◇電瓶電量不足

◇冷卻水溫度感應器有問題

◇汽油噴油嘴很髒

◇汽油濾芯塞住

◇油幫浦壞了

◇火星塞有毛病

如何處理

你可以自己檢查空氣濾網和電瓶（請分別看50頁和56頁），但是如果天氣冷到會讓牙齒打架，你還是試著發動車（即使是一會兒也好），讓你可以把車開到修車廠，至少那邊比較溫暖，修車技師可以幫你更換空氣濾網、為電瓶充電或是換新的電瓶。即使並不是空氣濾網和電瓶的問題，至少你的車已經在修車廠，那裡修車技師可以為你的車做一個完全的檢查。

駕駛、停止和避震

問題 車子在大熱天中熄火

可能原因

◇冷卻系統的零件有問題

◇有油氣卡在汽油油管裡

如何處理

請看第254頁的要點知道如何處理引擎過熱情況。

小叮嚀

車子會常常突然熄火或快要停下來，記得要讓修車技師檢查。雖然問題可能很小，不會妨礙你開車，但是若不去注意它，更昂貴的維修費用可能會產生。

問題 當引擎怠速時車子停住

可能原因

◇汽油箱內的油不足或是品質不好

◇空氣濾網很髒

◇自動變速箱油不足

◇汽油濾芯塞住

◇火星塞有問題

◇節溫器有問題

如何處理

如果你才剛加滿油但引擎還是停住，可能是你加了品質不好的油，可以加一罐油品添加物進去（依照上面標籤所指示而行）。重新加滿品質好一點的汽油，即使需要多一點錢也是值得的。

如果汽油不是原因，檢查空氣濾網，如果髒了或過期請換掉它，檢查自動變速箱油（依照第75頁的指示）。

如果都不是上述問題，馬上和修車技師約個時間檢查車。

問題　已經拉緊了手煞車，車還是會動

可能原因

◇手煞車線鬆了或是有破損

如何處理

手煞車線連接到後輪的煞車，如果手煞車安裝正確，當你拉緊手煞車，車子應該不會動才對。即使你忘了放掉手煞車而踩油門，車子也應該不動。

如果你拉了手煞車卻無法把車子停住，可能是煞車線壞了或是鬆了，讓修車技師儘早拉緊或是換掉，記得在修好之前不要拉手煞車。

駕駛、停止和避震

問題 很難控制車子方向

可能原因

◇爆胎

◇胎壓低或四個輪胎的胎壓不平均

◇前輪沒有平衡

◇動力方向盤油不足

◇動力方向盤幫浦皮帶鬆了或是壞了

◇動力方向盤幫浦有問題

◇球接頭磨損

◇動力方向盤幫浦的管子鬆了、壞了或是纏住

◇前方避震器的零件有損壞

◇齒輪式方向盤系統有磨損

◇齒輪式方向盤系統尾端的防塵套乾裂

如何處理

很難控制方向的原因是方向盤系統的零件有問題、輪胎問題，或是避震器的零件有問題。檢查輪胎很容易，看看有沒有哪個輪胎破了或是氣不夠。如果不是輪胎有問題，和修車技師約個時間檢查方向盤系統和避震器系統。

問題 車子行駛時會搖晃和震動

可能原因

◇前輪有一個輪子胎壓不對

◇鋁圈的螺絲鬆了

◇前面的兩個輪胎不平衡

◇CV接頭或是U型接頭有問題

◇方向盤主軸桿磨損

◇汽油噴油嘴有問題

◇排氣管鬆了

◇避震器有問題

◇火星塞的間隙不正確

◇方向盤的接合有問題

◇有空氣進入煞車系統裡

如何處理

車子行駛時會搖晃和震動是很可怕的一件事，首先要做的就是檢查每個輪胎的胎壓，視情況加減胎壓，也檢查一下螺絲看看有沒有栓緊。車子行駛時會搖晃和震動可能是輪胎不平衡，如果高速行駛而車子晃動得很厲害就是輪胎不平衡造成的。如果震動斷斷續續，就是後輪不平衡，不論是哪一種情況，馬上通知修車技師為你的車做個診斷和修理。如果問題並不是由車輪不平衡產生，這毛病會越來越嚴重，對你和乘客也會有危險。

問題 車子前後晃動

可能原因

◇後輪爆胎

◇避震器有損壞

◇輪胎沒有定位好

如何處理

把車停到路邊檢查有沒有爆胎情形（請看第249頁有關換輪胎的指示）。如果不是輪胎的問題，就是輪胎沒有定位好或是避震器零件有損壞。

注意

開車時，若駕駛系統忽然有問題，兩手要扶緊方向盤的四點鐘和八點鐘位置。這是放置手臂最安全的位置，一旦安全氣囊彈開時，這姿勢會減低手指和手腕受傷的機會。腳慢慢地放開油門，保持眼睛的注意力，把車子緩慢的駛向路旁。

大燈、煞車燈和方向燈

你可以很容易注意到大燈有沒有亮（在黑暗中開車很危險而且違法），但是燈光夠不夠亮你可能會沒有注意到，或者你會不相信煞車燈和方向燈壞了。

大燈當然是讓你在天黑後使用的，但更重要的是讓別的車能看到你；方向燈和煞車燈讓後方的車知道你想要做什麼。當前方的駕駛突然轉彎而沒有用方向燈是否會讓你感覺很討厭？同樣的，你後面的車也會希望你能夠懂禮貌的打方向燈。所以燈泡不夠亮或是壞了，此時與別的車輛互動方式就會有問題。

要常常檢查你的前後車燈，確定它們有正常運作，請家人或朋友幫你看看大燈（弱光或強光）的情況，或踩煞車，使用後退檔，再打方向燈來做檢查。接下來的幾頁要讓你了解當狀況發生時如何處理問題。

大燈、煞車燈和方向燈

問題 燈沒有亮

可能原因

◇燈泡燒壞

◇開關壞了

◇保險絲燒壞了

◇電線鬆了

如何處理

如果是一對燈的其中一個（例如其中一個大燈或是其中一個煞車燈）壞了，通常是燈炮壞了，換燈泡並不難，到汽車用品店購買燈泡，依照行車手冊的指示來更換，必須小心依照指示來做，特別是當你需要拆開整組燈時，要記得你是如何拆下來的，以便待會裝回去。如果問題並不是燈泡燒壞，檢查一下保險絲有沒有斷（請看第159頁細節），如果車燈的保險絲沒有壞，那你已經做了你所能做的了，其它的只能交給修車技師去處理，所以儘早把你的車帶去修車廠。

問題　大燈只有遠光沒有近光

可能原因

◇燈泡燒了

如何處理

到汽車用品店買燈泡，依照汽車使用手冊上的說明來更換燈泡。

問題　大燈的兩個燈都不夠亮

可能原因

◇電瓶電力不足

◇電線壞了

◇交流發電機壞了

◇電力系統壞了

如何處理

車大燈不夠亮是因為沒有足夠的電力，車燈不夠亮是很危險的，這個問題要立即解決。

打開引擎蓋檢查一下電瓶，是否每個電瓶槽都有足夠的電解質，如有任何一槽的電解質不夠，請加蒸餾水下去，如果電瓶柱或電瓶線有產生白色酸屑，用蘇打粉加水清潔它，如果電瓶沒有問題，帶你的車去修車廠檢查電線和交流發電機。

大燈、煞車燈和方向燈

問題　方向燈在你左右轉後繼續亮著

可能原因

◇方向燈的開關有問題

如何處理

方向燈的開關是控制你要左轉或右轉時使用的，當你轉彎後燈應該會熄滅，但是如果你在左右轉之後燈繼續閃爍，表示方向燈的開關有問題，打電話給修車技師解釋這個毛病，它會幫你訂一個和你車型車號相同的方向燈開關。

Chapter 5
駕駛時的緊急狀況

著手準備
處在掌控狀態
輪子陷住了
沒油了
沒油了
換輪胎
車子發不動
跨接電瓶充電
引擎過熱
蒸氣閉鎖
車禍時該如何處理
當你陷入困境
當你真的陷入絕境

大風雪、爆胎、車子發不動和陷在泥巴裡，這些緊急狀況都讓人十分頭痛，如果你不知道應當如何處理，這個單元可以幫你分析，不論是經常發生的或是偶爾發生的各種緊急狀況，應當要鎮定且快速處理。

手機可以讓你在路上遇狀況時容易求救，然而手機並不能解決所有問題，在某些偏僻的地方，手機是不能通的，而且如果手機電力不足，你無法有足夠的時間來說明所處的狀況和需要的幫助。

你或許不需要用手機來求救，你所需要的，只是汽車知識、信心和小心，千萬不要有問題還繼續開，這樣會嚴重傷害你的車，也不要因為失去耐心而棄車或是搭乘陌生人的車子。

總而言之，就是要預先做準備，練習換輪胎。（在你自己家的車走道上就可以練習），萬一有一天你突然需要換輪胎時，你會知道該如何執行。讀過第二章，你熟悉引擎內部的狀況，當引擎發出奇怪的聲響或是味道時，你會知道應當如何處理。為你的車準備一盒工具和緊急用品，把它們放在防水的箱子裡，然後放到後車廂去，有了這些裝備、資訊和適當的工具，你已經預備好要應付所有的緊急情況了。

著手準備

為緊急狀況做準備，比知道如何換輪胎或是了解如何處理煞車還重要，你也需要攜帶工具幫助自己評估車子哪裡壞了、哪裡該修和等待救援的時候如何保持安全。

接下來列出的所有項目，是任何緊急狀況發生時可能會用到的工具。工具組包含可以在路邊快速修理的器具；緊急用品組包括食物、水和禦寒的衣物，防止萬一不知身在何處。買一個有蓋子的大塑膠箱來放這兩組東西，並且把這個大塑膠箱放到後車廂裡去。除了準備這些東西之外，還要放一個胎壓計，一個胎紋深度量尺和手電筒在車箱中，同時與你的汽車使用手冊放在一起，當你需要的時候，它們就在身邊。

車言車語

放一瓶小型滅火器在前座底下，一旦火從引擎區或是輪胎裡面冒出，可以馬上使用它。也可以考慮在前座下方或儀表板下，裝一個小型附有電瓶的一氧化碳偵測器，若排氣系統有問題，一氧化碳竄進車子，這個偵測器就會鳴叫，但需每六個月要更換一次電瓶。

■汽車工具組

確定所有的潤滑油都有，機油、煞車油等都是你汽車使用手冊上所推薦的那一種。

- 自動變速箱油（如果你的車是自動變速系統）
- 煞車油（小瓶未開過的）
- 機油
- 油料添加物
- 不易揮發的緊急用汽油
- 動力方向盤油（小瓶未開過的）
- 事先調好的冷卻水（請看第83頁以學習如何調製冷卻水）
- 輪胎補胎用品
- WD-40
- 雨刷水
- 漏斗
- 空的儲油瓶
- 電瓶充電電線，5公尺長，16-gauge，有牢固的夾子
- 空氣濾網（正確的大小和種類）
- 塑膠手套或是橡皮手套
- 平頭螺絲起子
- 輪胎專用扳手
- 槌子

- 千斤頂和千斤頂座
- 六塊木頭（爆胎時用來固定住輪胎）
- 三角警告標誌或是緊急用強光燈
- 乾淨的抹布或是紙巾
- 一小瓶的蘇打水（用來去除油污）
- 繩索或是拉車繩
- 錫箔紙（用來放在汽油油管上以防止蒸氣閉鎖，請看第267頁）
- 反光膠帶（用來貼在壞掉的燈上）
- 絕緣膠帶
- 大件的、顏色鮮明的上衣（當你需要在路上修車時可以用來警示其它車輛）

■緊急用品組

看起來似乎是堆積過多衣服、食物和水在你的車上，不過一旦你需要用到禦寒的毛衣、火柴和水或是其他的緊急用品時，你會覺得鬆了一口氣，因為緊急時會知道有這些東西在你的後車廂裡。記得在每個春天和秋天的時候要更換食物和水。

- 一個背包（用來裝物品，萬一你決定要留下你的車）
- 羊毛毯或是睡袋
- 蠟燭和一個放蠟燭的空罐子

- 防水火柴或是打火機
- 用來打電話的零錢（當你旅行時即使有手機也有可能有不能通話的情形）
- 白色或是顏色鮮豔的布（可以繫在天線或是門把上作為遇到狀況時的指示）
- 急救箱
- 小型手電筒（沒裝電池的）
- 小型收音機（沒裝電池的）
- 手電筒和收音機用的電池（電池沒有裝在電器用品內可以維持較長時間）
- 可以保存一段時間的食物如糖果、餅乾和果醬等。
- 飲用水
- 備份鑰匙，包括車門鑰匙和後車廂鑰匙
- 鑷子和瑞士刀（可摺疊的鑷子和瑞士刀，可以在五金行或是露營用品店買到）
- 尿布、牛奶、罐頭、禦寒衣物、玩具和幼兒書給嬰兒和小孩使用，如果他們常和你一起旅行。
- 符合天氣的衣服
- 書籍或是撲克牌（如果受困時可以用來排遣時間）
- 野外求生用具組包括指南針、小手電筒、小刀、塑膠雨衣、乾糧、礦泉水、防水火柴或打火機和哨子。

■在車上配置禦寒設備

在寒冷的冬天裡，我們可以用壁爐、暖氣取暖，不幸的是，我們沒有時間等天氣放晴時再出門，所以在冬季來臨之前，要在後車廂增加裝備。

- 廢紙、報紙、小塊地毯、一袋鹽和防滑塑膠墊（用來放在輪胎下）
- 汽油防凍劑
- 除雪刷和刮雪板（上山賞雪時使用）

有了這些東西和緊急用具，你已經為寒冷的季節和突然轉變的天氣做了萬全的準備。

車言車語

一般而言，汽油內已有加入配方可以避免汽油凍結，但是在極冷的溫度下，當溫度降到攝氏負18度時，加防凍劑到油箱可以避免啟動困難。請依照產品標籤指示動作，為防止車門和後車廂結凍，在冬天來臨之前，使用WD-40來潤滑後車門和後車廂，還可以阻擋濕氣。

■加熱器

如果你居住在寒帶地區，你可能已經知道加熱器這個東西，為了讓你了解，以下做個簡介。當溫度降到零度以下，引擎會變得太冷很難啟動，機油會變得黏稠，一些零件也會開始黏在一起，啟動馬達變得很遲鈍，電瓶也是。

加熱器可以讓引擎保溫，即使在0°以下的天氣，也可以使引擎發動，加熱器裝在引擎區，接近引擎的地方，有一個三插的電插頭可以在引擎附近或是車前緣找到，你可以使用較好的延長線連接加熱器到GFCI插座（先連接加熱器然後再連接GFCI插座，你總不希望當你要找延長線尾端的加熱器插頭時被電到）。從房子或是車庫傳來的電力讓引擎保溫，到了早上，電瓶和馬達不用花很大力氣運作就可以上路。在較冷的月份來臨之前，檢查看加熱器是不是運作正常，插電幾分鐘之內你會聽到嘶嘶運作的聲音。

最一般常有的錯誤就是插一整夜電，在較冷的幾個月份每天都插一整夜電，報導指出，只有-15°C的天氣才需要用加熱器。正確的方法是你只要在需要使用車前的2~4小時充電即可，如果你不希望早起插電，可以買一個定時器，設定你所想要的暖車時間。

處在掌控狀態

在開車時，突發的狀況你要知道如何處理，通常沒有太多時間讓你思考解決方法，必須馬上決定，所以事先就要有心理準備知道當打滑、水上滑行和煞車失靈等狀況的緊急應變，如果你已經知道要如何控制煞車失靈的車，你就可以鎮定且快速的處理情況。

■打滑

有水或油在路面上很難平穩的開車，有時候你根本不知道行經的路面有此狀況，所以最好先熟悉當你遇到這樣路面時應當如何處理。

當你開始滑行絕對不可以採煞車，一般人的立即反應是踩煞車，但是首先要做的卻應是放開踩油門的腳，用兩手穩住方向盤往你想去的方向，如此一來一旦輪胎不滑了，你就會往方向盤轉的方向走，然後再調正方向盤，繼續的小心駕駛，這種狀況常常發生得很突然，所以你的反應要快，不要頭痛，好好的往前行駛。

■水上滑行

當雨下得很大，或是路上積水，輪胎有可能無法著地。輪胎和地面隔著一層水，就是車子在水上滑行，這並不是很好的狀況。

你會知道車子是否在水上滑行，因為你的方向盤突然沒作用，且你正在往前滑行。當你遇到這種狀況或是知道可能會發生這種情況，記得放慢速度，把腳移開煞車踏板，直直的往前開並減速，如果雨很大能見度很低，儘快在下一個休息站或是服務中心停下來，如果必須停到路邊，要記得開危險警示燈讓其他駕駛人可以注意到你。

要事先檢查四個輪胎狀況是否良好，胎紋夠深可以讓水流過胎紋和路面之間嗎？因為胎紋已磨損的輪胎無法吃水，容易有危險。

■突然停止

先到車上拿汽車使用手冊，看看你的車子是否有ABS。為什麼知道你擁有哪一種煞車系統這麼重要？前面曾經說過，要緊急煞車之前你必須連續多踩幾次，所以，你要踩煞車、鬆開、再踩、再鬆開，如此一直重複，這樣的煞車法對於傳動煞車是正確的，然而，現在的車子大都有ABS配備，ABS等於是幫你做連續煞車的動作，如果你已經有ABS還自己連續踩煞車會使

ABS的功能失效。

在ABS的系統裡要緊急煞車的話，要握緊方向盤（當然要用雙手），用力且穩固的踩煞車踏板，你可能一下子很難去適應這種踩煞車法，但是熟悉了之後，這動作就會變的很自然。

■煞車失靈

如果你的煞車系統有缺陷、漏油，或受污染，可能會有煞車失靈的情況，你踩煞車，煞車踏板就沉到最底下，但卻沒有任何的煞車功能。

這時你應當如何處理？首先，先深呼吸，不要讓緊張影響你的處理能力，雙手握緊方向盤然後腳離開加油踏板（現在只能儘力避免引起車禍），拉手煞車，如果這樣無法使車子停止，把排檔轉到低檔（以自排車而言，就是由D移到2再移到1），當車速很快的時候降低排擋會傷害手煞車和傳動系統，但是在此情況之下你別無選擇。

■輪子陷住了

如果你的車輪陷在雪地裡或是在泥巴裡，輪子一直轉就是出不來，不要覺得頭痛，先停止運轉引擎以避免它過熱或是輪胎產生磨損情況，接下來打開車窗，聽聽看是哪個輪胎在空轉，當你知道了是哪一個，放一些紙片或是小片地毯在輪胎邊以增加它的摩擦力，回到車內深呼吸，再次駕駛你的車。

當你的車脫困了，檢查一下輪胎，如果輪胎有磨損的痕跡就需要換輪胎，這時，因為引擎已經過熱了，所以，讓它冷卻一陣子再上路。

車言車語

在雪堆或泥漿路上很難駛離的話，輪胎可以放掉一些氣，讓更多的胎紋接觸地面，以增加磨擦力。把充氣蓋拿開，使用胎壓計釋放一些氣，記得車子開出來之後要盡快把氣充回去。

沒油了

平均而言，每個人至少會發生過一次，有些人甚至會臉紅的承認不只發生過一次這種狀況。沒油了聽起來很愚蠢，但是這很可能發生，所以最好能防範未然，買一罐緊急汽油放在後車廂內的工具組合裡，它不像汽油，這種油不易揮發，可以讓你保存很久。

萬一沒油了，這罐緊急汽油可以讓你的車跑大約16-25公里，希望這已足夠讓你用到找到下一個加油站，只要依照標籤上面的指示倒進去就可以了，要記得趁引擎還熱的時候倒進去，因為大部份的緊急汽油都是要在引擎熱的情況下使用，所以儘早把它倒進去油箱，免得引擎冷卻了。

如果你離加油站很遠，又有陌生人想幫助你把車拖去加油站，你要婉轉拒絕他，請他是否可以幫你把油桶拿去裝滿油再拿回來給你。

換輪胎

爆胎是我們在路上常遇到的問題，當你在駕駛時，如果有一個輪胎突然爆胎，你會突然失控幾秒，之後並不難讓你重新控制住車，但最重要就是別影響了你的情緒。緊握方向盤，繼續前進，慢慢的放慢油門，輕踩煞車，把車開向路邊，盡量遠離車潮。

你應該只需要10-12分鐘來換輪胎（如果你有的用具也知道該如何做的話），但是在你決定換輪胎的地點前，小心檢查是否停在來往車輛很多的地方，或是來車很難看到？如果情況是如此最好不要自己換輪胎，寧願請求幫助。大部份的公路上都有來回巡邏的員警，當他們看到你的車停在路邊，會停下車來關心情況，如果你還沒有叫拖車，他們會幫你叫。

如果你是在街道上開車，要記得，雖然你的輪胎壞了，但是你仍然可以慢慢的開，打開危險警示燈，開在右邊車道或是路肩上，直到附近的加油站或是服務中心，那裡的員工可以幫你換輪胎，或者是叫拖車。當然這樣做會損害輪胎和鋁圈，但至少比較安全，輪胎和鋁圈可以換但是你的生命不行換。

■使用密封膠

輪胎密封膠是修補輪胎用的，密封膠只能用來暫時使用，無法持續很久，在經過服務中心的時候你應該盡早修理輪胎或是換新的，很多的修車技師並不喜歡修理上面有密封膠的輪胎，為什麼？因為它很難聞並且要清掉很麻煩，如果你發現爆胎但是沒有辦法馬上換掉，只好使用密封膠，而且經過最近的修車廠時你就要準備買新的輪胎。

■用備胎開車

備胎通常比一般輪胎小，所以你不能把它當作一般輪胎用，當你的行駛的時候若其中有個輪胎是備胎的話，不要開超過80公里（備胎上會有標示的最大時速限制），建議不要用備胎行駛超過100公里，要記得備胎只能在緊急狀況下使用，儘早把有問題的輪胎修補或是更換，更換後請檢查備胎有沒有損壞，並且把它放回到後車廂。

注意

靠近沒氣的輪胎時，伸手摸摸看輪胎是否過熱，若輪胎過熱，胎內可能起火。很難決定輪胎是否過熱，但還是得小心，若沒有起火現象，輪胎會很快冷卻下來，此時就可以換輪胎了。

若輪胎非常的熱，而且有起火現象，得從前座底下拿出滅火器把火滅掉，若沒有滅火器，要馬上遠離輪胎，同時尋求協助。

如何換輪胎

當你決定要換輪胎時要開啓你的危險警示燈，讓來車看到你的車出狀況，並依照下面幾個簡單的步驟執行。

工具和設備

- 備胎
- 三個反射燈和強光燈
- 六塊木頭或大石頭
- 平頭螺絲起子
- 扳手
- 千斤頂
- 小抹布
- 槌子

1.準備你的用具

把備胎和所有需要的用具從後車廂拿下來，放在你的車旁。

2.設警告

至少放三個反射燈或強光燈，一個在你車後面大約十輛車距離的地方，另外一個在車子和第一個警告標示中間。如果你並沒有反射燈或強光燈，把引擎蓋打開，支架撐著，用一塊顏色鮮豔的布繫在天線上，或在交通流量多的那一面的門把上。

3.固定住三個輪胎

把三個輪胎的前後用木塊或大石頭固定住。

注意

有些備胎並不小，和一般輪胎一樣大，很難將它舉起來，若從後車廂拿出大備胎來很困難，首先要把所有東西從後車廂拿出來（把它好好的放在路邊），這樣才可讓你有足夠的空間來施力，小心不要扭傷腰，當你把輪胎抬起來的時候，記得彎下膝蓋。

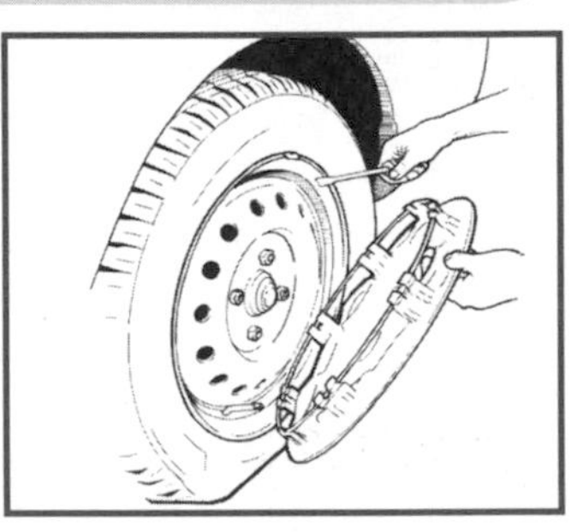

4.把輪胎蓋拿下來

使用平頭螺絲起子鬆開輪胎蓋，把它放在旁邊。

5.鬆開螺絲

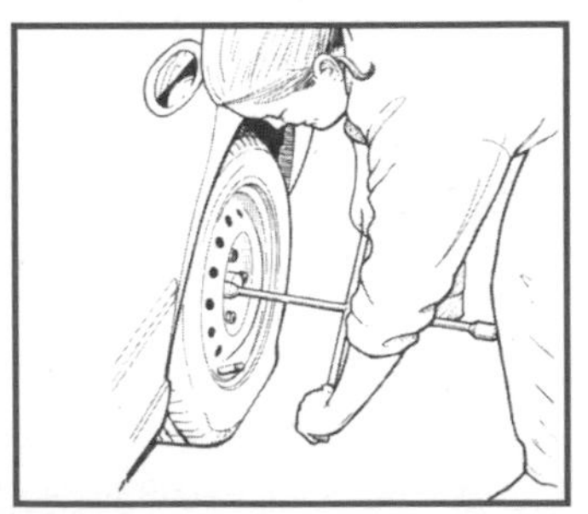

使用你的螺絲起子轉逆時針方向鬆開螺絲，螺絲一個一個互相交叉互換（請看第253頁）。你做這件事需要用一點力氣，不要把所有的螺絲完全鬆開，只要讓它鬆到被千斤頂舉起來時，可以讓你把輪胎拿起來。

6.放千斤頂

依照使用手冊放置千斤頂，大部份車子底下有一個凹陷處可以讓你放千斤頂，把千斤頂放在正確的地方，它有可以支撐車子的巨大的力量，如果放的位置不對，你的車會損壞，或是千斤頂會歪向一旁。

7.把車舉起來

平均使用力道直到把車舉起來、輪胎離開地面，腳遠離車，搖一下千斤頂和基座，看看是否車子有被固定住，巡視一下車子，再檢查一次木塊和大石頭有沒有把其他輪胎固定住。

8.把輪子的螺絲拿起來

用互相交錯的方式把螺絲拿起來，好好收著。

9.移除爆胎

彎下來或坐下來讓你的胸部與輪胎同高，用兩手搖下輪胎讓它離開栓鎖，把輪胎滾到車後面。

10.裝備胎

把備胎滾到要換備胎的地方，把它舉起來，裝進去輪軸裡。

11.把螺絲放回去

用手把螺絲以順時針的方向互相交叉轉緊，當輪子開始轉動前要把所有螺絲都轉緊。

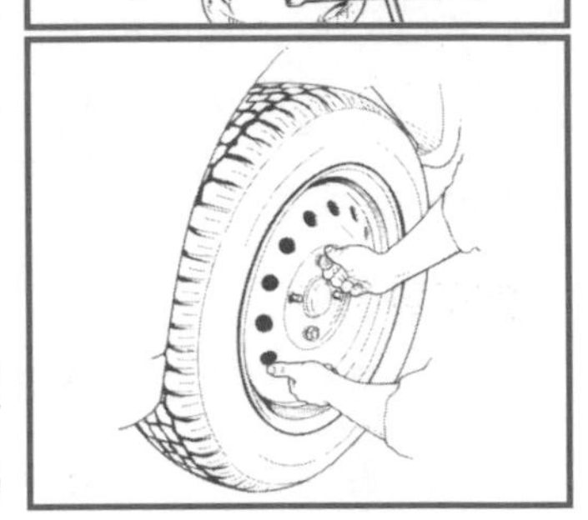

12.把車放下來

平均使用力道，讓千斤頂降低到四個輪子都碰觸到地面為止，再移開千斤頂。

13.再把螺絲鎖緊

使用扳手用互相交叉方式儘量鎖緊螺絲，如果螺絲不夠緊輪胎會搖晃，如果你覺得力道不夠只好盡力去做，但是當你到下一個服務中心的時候，讓修車技師用機器幫你用機器把螺絲鎖緊。

14.放回輪胎蓋

把輪胎蓋放回位置，用槌子輕敲把它合緊，不要搥得太用力，否則可能會傷害到輪胎蓋。

15.整理乾淨

把爆胎和所有的用具都放回後車箱。

互相交叉的方式

鎖螺絲時，如下圖所示，以交叉的順序來鎖上，如此才能將輪胎平均鎖緊。

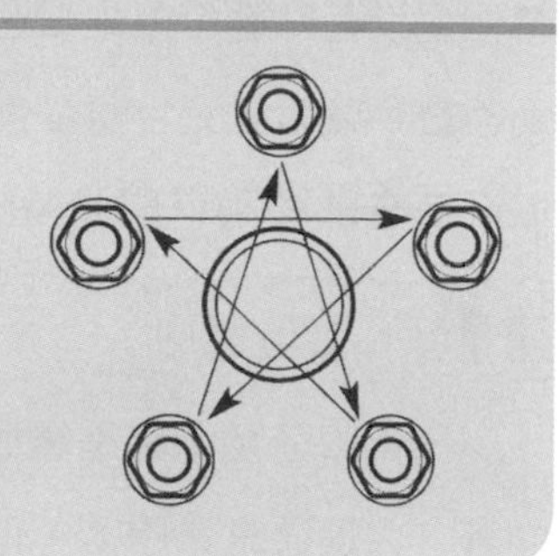

車子發不動

當你坐上了車把車門關上，要啓動車但是無法發動，引擎轉但是沒有點著，或是聲音聽起來像是沒辦法發動，或許只有滴答聲，或者是完全寂靜無聲，沒有噗噗聲、沒有嘀嘀聲，引擎沒有轉動、沒有任何動靜，這是真的！

第1步 檢查電瓶

通常車子發不動是電瓶的問題，或許你讓車子的附屬配件開著（大燈通常是原因，停車忘記關大燈，電瓶如何變沒電請複習第56頁）。

當你要啓動車，電瓶指示燈亮了，可能是電瓶沒電，另外一個知道電瓶沒電的方法是看電瓶上的指示眼（並不是所有的電瓶都有指示眼），如果指示眼是黑色的，就是電瓶沒電或壞了。

把引擎蓋打開戴上手套，檢查電瓶線尾端和電瓶柱是否有白色的酸屑所堆積，如果是，用蘇打粉加水的溶劑清潔它。檢查讓電瓶線連到電瓶柱上的螺絲有沒有鎖好，搖搖電瓶線，如果電瓶線鬆了，拿扳手把它鎖緊，檢查每個電瓶槽，如果電解質不夠請加蒸餾水進去。

如果清潔和加滿電瓶並沒有讓車子啓動，試著充電瓶（請看第250頁的指示），如果你沒辦法清潔和加滿電瓶水，就先嘗試充電，但是要記得儘早做電瓶的保養和維修。

第2步　檢查空氣濾網

如果電瓶看起來沒問題，意思是說它上面沒有白的酸屑、電瓶線也沒有鬆、電解質的量也沒問題，電瓶充電也沒能把問題解決，那就檢查一下空氣濾網如果空氣濾網需要換，就換上一個新的（如果你有依照之前章節的指示，你已經有一個新的空氣濾網在你後車廂的用具組裡面）。

第3步　檢查分電盤的蓋子

如果換空氣濾網並沒有讓車子發動，就開始檢查分電盤的蓋子，並不是每一輛車都有分電盤的蓋子，把蓋子移開做個檢查（依照第256頁的指示）。

第4步　加汽油添加物

在你把車子拖去修車廠前先想想你是不是最近有加過油，如果答案是『是』你可能加了品質不好的油，加一瓶小瓶的汽油添加物進去油箱，依照產品上的標籤指示進行。添加物會幫助清除油裡面的雜質，如果這小小的秘方讓你的車發動了，就把油用掉再加滿不同加油站的油。

第5步　請拖車公司協助

如果從第一步驟做到第五步驟你的車都發不動，就叫拖車把你的車拖到修車廠，修車技師需要為你的引擎做檢查以決定如何處理問題。

檢查分電盤的蓋子

很容易在引擎蓋下找到分電盤的蓋子，並不是每個車都有分電盤的蓋子，如果你的車有的話，它是看起來像水母般的藍色或黑色的圓柱體，有很多牢固的黑線從裡頭延伸出來，通常是在引擎旁邊，在做這工作之前要確定車子是熄火的狀態。

工具和設備

- 平頭螺絲起子和其他的螺絲起子，視分電盤蓋子上的螺絲種類而定。
- 乾淨的抹布。

1.把分電盤的蓋子移開

把分電盤蓋子上的螺絲鬆開，然後把分電盤的蓋子搖鬆。

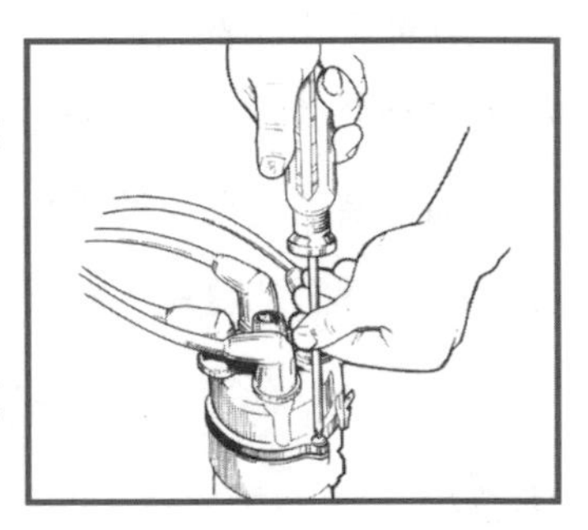

2.檢查蓋子

如果蓋子裡面是濕的，用乾淨抹布擦乾。如果蓋子有破裂，需要更換它，可以買一個新的分電盤蓋裝上，但是要買符合你車子車型車號的分電盤蓋子，如果你希望修車技師做這個工作，就和他約個時間。

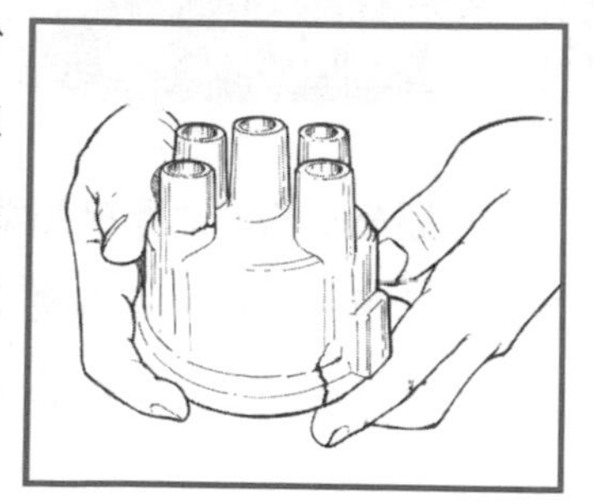

3.換蓋子

裝上蓋子（新的或舊的），鎖緊螺絲把它固定住　。

跨接電瓶充電

當你在兩輛車上連接充電的電瓶線，花一點時間決定是不是這車子適合的充電電瓶線，有些新的車子有電腦系統，如果你用充電電瓶線來充電會損害電力系統，就是當你裝上充電電瓶或取下時就會損害到它，所以有些製造廠商會建議不要使用電瓶充電器來充電。查看你這兩輛車的汽車使用手冊，看上面有沒有警告不要使用充電電瓶線。

確定電瓶是相同規格的，只有12伏特的電瓶可以用來充12伏特的電瓶。同樣的，只有16伏特的電瓶可以用來充16伏特的電瓶。如果這車子是使用柴油，只有使用柴油車才能幫你充電，為什麼呢？柴油車的電瓶比一般車使用更多的電力。

如果你可以打開電瓶，看一下裡面的電解質有沒有結塊，**如果電瓶的其中一個槽是透明的你就可以不用打開蓋子檢查電解質**，如果電解質在你沒電的電瓶是結塊的，一個突然流過的電流會讓電瓶爆炸，唯一讓電瓶解凍的方法就是把它帶去溫暖的地方讓它漸漸融化，也檢查並確定沒電的電瓶有足夠的電解質。電瓶的電解質如果不夠，常會有氣體跑出，如果充電電瓶線連接上電瓶柱，這些氣體會引起爆炸。

如果電解質不夠或者凍塊，不要充電瓶，可以打電話叫拖車來拖走。

檢查充電電瓶線，最好用16 gauge的充電電瓶線，長度至少5公尺長，檢查充電電瓶線確定並沒有破裂，如果你手碰到充電電瓶線的破裂處，充電電瓶線連接到電瓶時會被電到。

如何使用充電電瓶線

在準備使用充電電瓶線之前，先看過下方所列出的項目，然後將好的車盡量停接近不能發動的車，但是要確定兩台車沒有互相碰在一起。

工具和設備

- 一台有電的車或是一個手提的電瓶
- 充電電瓶線

啓動電瓶前的檢查表

- □檢查使用手冊確定兩台車都可以使用充電電瓶線。
- □確定兩個電瓶都有相同的伏特數。
- □檢查沒電的電瓶，確定電解質有無結塊和量是否足夠。
- □檢查啓動電瓶線沒有電線破損。

1.準備好車

把兩台車的一些附屬的電器設備都關掉，若是自動排檔的車，把排檔移到P(停車)，若是手排車則把排檔移到N(空檔)，手煞車拉好，把兩台車的啓動鑰匙都轉到關的地方。

2.接上正極的電瓶線

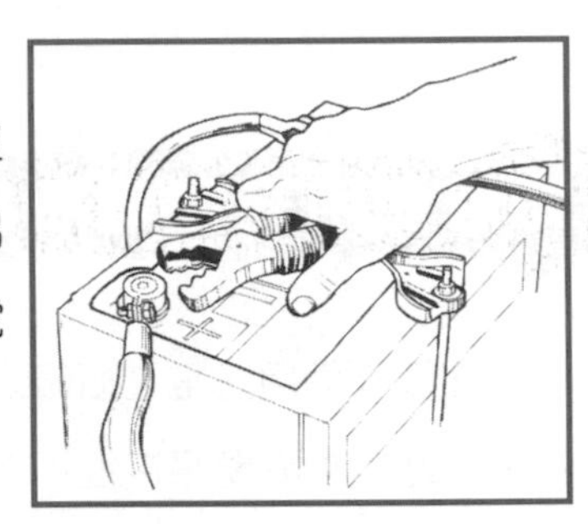

把正極的充電電瓶線夾上沒電的車的正極電瓶柱。然後把另外一端的充電電瓶線連接到有電的車的正極電瓶柱。

3.接上負極的電瓶線

把負極的電瓶線（黑色）連接到有電的車的負極電瓶柱，然後連接另外一端的負極電瓶線，到沒電的車的沒油漆的鐵件上（請看圖），不要連接負極電瓶線到沒電的電瓶上，這個夾子要盡量遠離電瓶。

4.啓動車

過幾分鐘，轉動鎖匙啓動沒電的車，如果啓動了就讓它持續發動然後接下去下一個動作。如果並沒有發動，把鎖匙轉到關的地方，讓電瓶線仍維持目前狀況，過幾分鐘再試試。

5.移除充電電瓶負極線

從沒電的車移除負極（黑色）充電電瓶線，然後移除有電的車的負極充電電瓶線。

6.移除正極的充電電瓶線

從有電的車移除正極（紅色）的充電電瓶線，然後從沒電的車移除正極的充電電瓶線。

7.讓車子持續轉動

讓引擎持續的轉動至少15分鐘，讓它在原地轉動或者是開者走皆可，讓電瓶持續充電。

充電電瓶線的連接

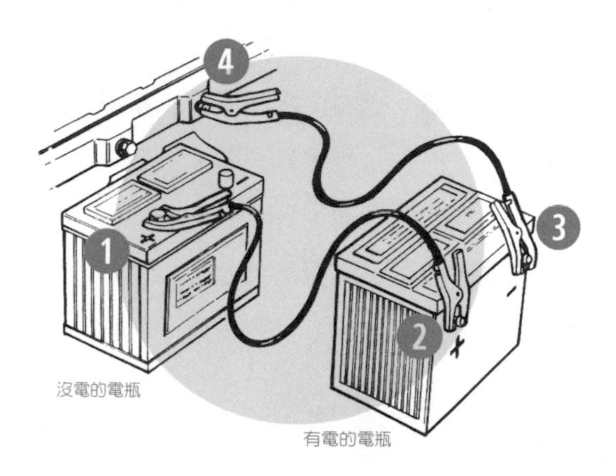

▲欲啓動電瓶，請依圖示順序連接電瓶線，當電瓶啓動後，要以相反的順序移開電瓶線。

引擎過熱

引擎過熱通常是一個很危險的狀況，雖然有時候是無害的，但一般來說是一個警告，如果你的引擎過熱還是可以繼續開，但是你應該馬上開去給修車廠檢查，為什麼呢？因為引擎過熱會造成很嚴重且昂貴的零件損壞，引擎過熱的原因有很多，包括：

- 冷卻水不足
- 冷卻水結塊
- 冷卻系統的零件有問題，例如 水箱蓋、水幫浦、風扇或其他節溫器出狀況
- 水箱芯有漏
- 水箱管有漏或者是破裂
- 引擎本體洩漏
- 皮帶破損
- 熱氣控制閥塞住
- 雜物塞住了水箱芯
- 水箱芯塞住
- 熱氣管塞住或纏繞
- 水箱塞住
- 水箱管塞住
- 機油不足

這是一般的狀況但並不代表一定是這些原因，不幸的是，你沒辦法對引擎過熱做太多事，當引擎過熱你可能需要修車技師幫忙，而你所能做的是當引擎過熱時應該要做如何決擇，這裡有一般常發生的三種狀況：

狀況1

當你正在開車，溫度刻度表突然升到熱的區域，或溫度指示燈突然亮起來，別緊張，如果你的車有開冷氣請先關掉，打開窗戶並且把暖氣開到最大，這樣可以讓熱氣進到車內，如果你是在交通繁忙的地方開車，把車轉到空檔，在你停下來的時候下放慢油門，不要踩煞車，跟前面的車保持距離，避免前方車子排氣的熱度增加到你原本已經很熱的引擎上。你應該可以看到溫度刻度表的指標降到正常區或是溫度指示器的紅燈熄滅，之後要把車子開到修車廠做處理。

狀況2

狀況已經發生了，關掉冷氣打開窗戶並且把暖氣開到最強，但是溫度刻度表的指針並沒有回到正常區域，或是溫度指示器的紅燈仍然亮著，如果是在這種狀況，馬上離開座位看狀況三。

狀況3

當你正在開車，溫度刻度表突然升到熱的區域，或是溫度指示燈突然亮起來，接著有蒸氣從引擎蓋冒出來，馬上離開座

車言車語

這是有趣的生理反應：炎夏時分，當你暴露在陽光下，手掌的肌肉會使你的手自然彎曲起來，反之手背的肌肉拉直，這就是為什麼當你必須檢查很熱的管子、輪胎，或其他引擎零件時，寧願使用你的手背測溫也不使用手掌（看溫度是否冷到讓你可以去處裡它）。

位！關掉引擎離開你的車，等個幾分鐘讓引擎冷卻，蒸氣不冒了，然後慢慢打開引擎蓋用支架把引擎蓋撐住。

如果你不敢接近發熱的引擎，可以叫拖車或等待巡邏的警員幫助。如果你已經對引擎區域小有研究，有一些你自己可以處理的事可以先做，然後繼續開車到附近的修車廠，但有一個很重要的步驟就是，要讓引擎完全冷卻再開車，你可以用手去測量水箱溫度。

■檢查冷卻水

首先檢查水箱的冷卻水量，戴上手套，如果水箱蓋是緊壓的設計，用平頭螺絲起子撬開，等嘶嘶聲停止再把水箱蓋完全拿開，冷卻水應該到達離水箱蓋口5公分的地方，可能是水箱內的冷卻水不足，讓過熱的冷卻水濺起。

發動引擎讓它持續轉動，慢慢的把冷卻水倒進水箱，當高度到達離瓶口5公分左右的地方，之後熄火讓你的車停在那裡一陣子，再檢查水箱內的冷卻水。

車子過熱時的檢查

看到了什麼	需要做什麼
溫度刻度表的指針指向紅色區域或是溫度指示燈亮了	把冷氣關掉，暖氣打開。把車子開去到修車廠。
若把冷氣關掉暖氣打開仍沒辦法讓溫度刻度指針回到正常區域，或是讓溫度刻度表的燈沒有熄滅	把車子停到路邊，打電話叫拖車廠來拖車，或是撐起引擎蓋檢查冷卻水和機油。或著把車開去修車廠。
蒸氣從引擎蓋下冒出來	停到路旁打電話叫拖車廠來拖車，或等蒸氣不會後打開引擎檢查冷卻水和機油，再馬上把車拖去或開去修車廠。

必要時，繼續加水或冷卻水直到水箱有足夠的液體，紀錄一下你倒了多少水或冷卻水進去，當你到達修車廠時，馬上把這個資料給修車技師參考。

加水或冷卻水到水箱而不是副水箱，為什麼？因為冷卻水是由水箱溢出而不是由副水箱溢出，副水箱所裝的是過多的冷卻水，而目前並沒有過多的冷卻水，相反的是不足，可能是讓冷卻水流到副水箱水箱的管子塞住了，事實上如果這個管子塞住，也會引起引擎過熱。

■檢查機油

沒有足夠的機油潤滑，引擎會過熱，如果機油不足的話，要加滿機油。

■回到馬路上

當水箱已經有了足夠的冷卻水，油箱的機油也足夠，就可以開車上路，關掉冷氣、打開暖氣，把你的車開到附近的修車廠或是你家。如果在你開到修車廠的途中引擎又過熱，馬上停車，打電話叫拖車把車拖到修車廠，繼續開車可能會讓引擎遭損壞。

蒸氣閉鎖

當你爬坡爬到一個高度，或是在很熱的天氣下，車子走走停停，汽油在油箱理可能會開始滾燙起來，就像滾燙的水壺會產生水蒸氣一樣，滾燙的汽油會產生汽油蒸氣，如果有汽油蒸氣進到汽油油管，會把要到汽油噴油嘴的液態汽油阻塞，這就叫蒸氣閉鎖。這樣情況發生時引擎就停止轉動，沒有任何的預警、聲音或訊號，就是突然完全停止。

如果你的車突然不動而沒有任何叫聲或其他狀況就可能是蒸氣閉鎖，啓用你的危險警示燈，把車推到路邊，千萬不要停在馬路中間檢查。

當你的車安全的移開馬路後，把引擎蓋打開，現在你必須等汽油冷卻以讓汽油回到液態的狀況，如此汽油的塞住狀況就得以解決。如果你有耐心可以坐著等車子溫度降低，也可以綁濕的布條在汽油油管上幫助冷卻，從後車廂拿一條乾淨的抹布，把它吸滿水（不是吸滿汽油或冷卻水），如果你沒有抹布或水，到後車廂的工具組把錫箔紙拿出來，這錫箔紙可提供相同的作用。

有兩個地方可找到汽油油管，一個是在車底下，一個是在引擎蓋下，如果你事先有做功課，有讓你的修車技師指出哪裡是汽油油管給你看過，你就可以馬上找出來。如果你可以爬到車下，就把濕抹布綁在汽油幫浦跟汽油噴油嘴系統的中間，有些車子汽油幫浦是裝在汽油油箱內（這是很好的理由為什麼了解你的車是很重要的原因），要很小心，因為那裡很燙、又有燃燒的汽油。

如果你沒辦法在汽車底下發現汽油油管，從引擎蓋下找找看，把濕的布綁在那裡。

如果你並沒有抹布或錫箔紙，就只好耐心的等車子完全冷卻，讓引擎從熱到冷要等很久，你可能要等到天黑當氣溫降低時才行，記得當你等待的時候要保持冷靜，如果你的車在冷卻後還是沒辦開，可能是蒸氣閉鎖引起汽油油濾塞住，如果是這個原因，你必須叫拖車把車子拖到修車廠。

在引擎區找出蒸氣閉鎖之處

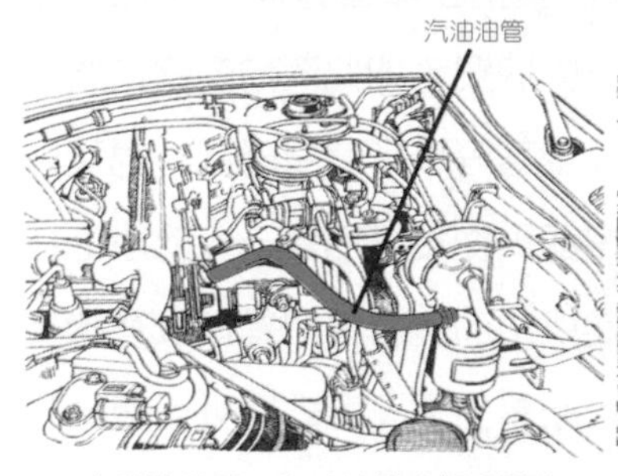

▲在引擎後面，汽油油管在很多蒙上灰塵的管線之中，可以事先讓修車技師指給你看，當蒸氣閉鎖的情況發生時，你可以很容易的找到它。

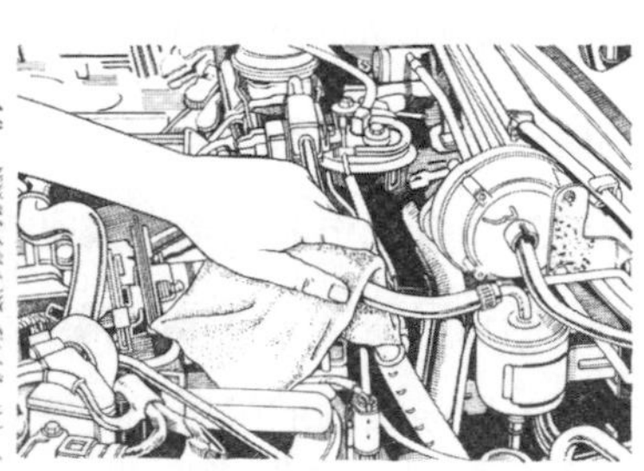

▲若沒辦法深入到車子底下的汽油油管，可以拿一塊濕抹布包在引擎區的汽油油管上。要小心，因為引擎非常熱，記得手部要遠離皮帶和風扇。

車禍時該如何處理

當一個有責任感的駕駛人，如果你發生車禍時應當扮演一個主動的角色，很多駕駛人在車禍發生後不知道應如何處理，還會緊張頭痛，在這裡你將學習到怎麼處理。

■小車禍

如果只是兩輛車的小擦撞，可以先把車子開離現場到路邊安全的地方，注意看乘客是否需要送醫治療，如果要就叫救護車來，並通知附近的警察局。

不要去討論誰對誰錯，這個時候很容易爭吵。依規定你必須在車禍的現場通知警察，保持車禍現場原貌，即使是非常小的車禍，都要拿到警察的筆錄報告，以便申請保險理賠，釐清

小車禍　檢查表

1. 把車子移到路旁。
2. 檢查有無傷者，若現場有人會急救，要馬上處理。
3. 打電話到110或當地警察。
4. 記錄車禍狀況（報告）。
5. 等待救援。

責任歸屬，所以即使是很小的車禍，也要等到警察來再移動車子。

只有一件事情例外，不用留在車禍現場，就是有些人故意要找女性駕駛人的麻煩。如果你獨自開車有人從後面撞你的車，而天是黑的，路段荒涼，就要特別的小心。把車子開到路邊，但是不要熄火留在車內，當其他車輛接近你，記下他的長相和車子的型號，如果可以的話記下對方的車牌，稍微搖下車窗，請駕駛人跟著你到附近的警察局，或到較熱鬧的地方，一定要遵照這個指示：「絕對不要聽從他人的建議下車」。

這個小心的措施聽起來好像過於謹慎，但為了安全起見，千萬不要為自己應該有的權力而下車，也不要擔心離開現場，只要往前開到安全的地方，再下車檢查車禍的損害狀況。

■重大車禍

如果發生了重大車禍最重要的就是所有乘客的安全，馬上把所有引擎都關掉，馬上打110，先確定自己沒受傷，然後再檢查車內的乘客和其他車子的乘客，需要時趕快進行急救，所有沒有被困在車內的受傷乘客，把他們移到路邊安全的地方遠離馬路，只有在車子擋住交通的狀況下才移開車子，否則保留現場狀況，設置反光燈和強光燈（除了有噴濺出來的汽油會引起強光燈燃燒之外），來警告所有經過的車輛。

如果在事件中的所有人都沒有手機（意思就是說無法打110），有些人就必須要去找幫助，如可能的話讓兩個人一組找附近的住家，或是揮手請經過的車停下來，這些留在車禍現場的人要儘量保持冷靜跟溫暖，直到救援來臨。

重大車禍 檢查表

1.關掉所有引擎。
2.檢查有無傷者，若現場有人會急救，要馬上處理。
3.打電話到110或當地警察局。
4.把可以移動的傷者移到路旁。
5.等待救援。

■如果你撞到沒有人駕駛的車

如果你撞到沒有人駕駛的車，而你的車看起來沒有毛病，你可以提供車子的資料給對方，把它放在對方的雨刷位置再離開現場。

若車子撞到保險桿，維修可能會很貴，甚至需要整個換掉，如果你不知道應當如何維修這個部份，可以打電話給保險公司尋求建議。

撞到無駕駛人在場的車 檢查表

1. 填寫你的個人資料以及撞到的時間。
2. 把這個資料放在對方車的雨刷前。
3. 影印一張做為備份。
4. 若你對於修理自己和對方的車有任何疑問，打電話給保險公司尋求建議。

當你陷入困境

當你在野外被困住了，看著經過的車輛和吃草的牛，你覺得冷風或是熱風吹入了你的大衣，下大雨了濕的空氣包圍著你，你開始緊張，並且發現手機在這裡並無法使用，你很希望巡邏警車趕快的來到，甚至懷疑自己是不是快要瘋了。

當你被困住時首先要有耐心，錯誤判斷通常是由於缺乏耐心所引起，如果你冷靜、自信且小心的遵照以下五個步驟的指示來行動就可以脫離困境，再度上路。

第1步　離開馬路

如果你的車有重大的問題，馬上打開危險警示燈，並且立刻開到路肩去，儘量遠離交通。如果你的車在繁忙交通中忽然熄火，而且無法移動它，不要試著推車，打開危險警示燈然後把引擎蓋打開撐起來。

第2步　設置緊告信號

如果你在路肩，把危險警示燈打開，再把引擎蓋撐起來，同時在外面設置反光的三角形警示標誌，放一個在車後約十個車身的距離，然後另一個放在車子和前一個警示牌之間，繫一條白色或是顏色鮮豔的布在天線上或是門把上（在交通流量多的那一面）。

如果你的車停在交通繁忙的路上，警示燈已經足夠用來警告來車，如果在車子不多的馬路上，放強光燈或三角警示牌在你的車後面即可。

第3步　打電話請求幫助

如果你有手機或附近有公共電話，可以打電話給當地的修車廠，如果是在不熟悉的地方就打110。如果你沒有手機或是找不到公共電話，就必須等待或尋求幫助。

第4步　準備尋求幫助

下一個城鎮或是服務中心有多遠？如果是容易走到的地方就可以前往，在去之前，先確定你是否穿了足夠的衣服，也帶著一瓶水，並且留紙條寫上「我現在離開我的車，去找幫助」在儀表板附近，由車窗外可以看到的地方，同時鎖好車再走。

如果有人要來幫助你，請他們幫你打電話求助，如果對方並沒有手機，或許他願意幫你到附近的服務中心或休息站打電話。

如果有其他的駕駛要幫你拖吊，通常有理由強烈建議女性不要乘坐陌生人的車，或絕不要進入陌生人的車子。

如果你真的是沒有辦法也不知道該如何是好，而忽視這個建議搭乘陌生人的車，至少要做到下面的動作，留紙條寫上「我現在借搭別人的車」，如果這個陌生人拒絕讓你看他的駕照就絕對不要搭他的車，如果他願意讓你記下所有你需要的資訊，就可把這張紙條放在儀表板上，並且鎖好車再走。

如果所處的地方並不接近服務中心，或是你不知道你在哪裡，最安全的做法就是留在車上，大部份的高速公路上都有巡邏警察，它會停下來幫助受困的車，警察可能不會把你載到修車廠，但是它會幫你打電話且陪著你等到救援車來到。

如果你的車拋錨在路邊，可以從後車廂拿你所需要的東西到前座，坐在乘客的座位上，把所有的門鎖住，窗戶只留一個隙縫，讓空氣可以進來，放求救紙條在後車窗，讓自己保持鎮定。

如果你的車不是拋錨在路邊或著是沒有從馬路上開走，把所需要東西從後車廂拿出，走到路邊找一個安全、視線好的地方，在那裡等待救援。

第5步　拖吊車子

當拖車終於來到車子壞了的地方，要保持冷靜和合作的態度，確定這個拖車是你從修車廠叫來的，坐上拖車和你的車子一起到修車廠去，到了修車廠讓修車技師為你的車子做評估和修理，請他列出所有該修理的項目。在執行之前，要讓修車技師知道雖然你不知道如何換某個零件，但是至少要知道為什麼壞了，什麼該更換。

當你真的陷入絕境

如果你拋錨在很少人經過的山路或者是偏遠路段，最好先有最壞的打算。如果你有遵照之前這本書所給的建議，在緊急用品組裡有水、食物、和禦寒的衣服，就有充分的準備來掌控緊急狀況。

你要遠行的時候最好讓家人知道，這樣當你逾期未歸時，就知道要找你。就搜救隊伍而言，找到你的車比找到你的人容易，而且車子可以讓你在晚上有空間可庇護。在等待救援的時候，為了讓你的車容易被發現，用反光膠帶貼在車頂或是用口紅在車頂上畫一個大X，或是放一個求救的紙條在前後窗戶上，同時繫上白色或彩色的布在附近的樹上，升一點小火，放一些機油或塑膠類製品進去火裡產生較濃的黑煙（當然首先要清除附近的雜草和小樹叢，用一些石頭把火圍住，同時準備一些水在旁邊，以便熄火用，並且要小心看著火，因為最壞的情況就是你並不是困在不知名的地方，而是被困在森林火災裡）。

■如何在零下天中存活

如果你被困在大風雪中，留在車裡會比求救安全，而最需要注意的是保暖，車子可以在惡劣的天氣為你保持一點溫度，隔絕惡劣天氣，用雪來覆蓋你的車身，除了尾管外。排氣系統若被塞住，當你的引擎發動時，一氧化碳會進入你的車，記得每個小時都要繞到車後去檢查你的尾管，確定尾管沒有被雪所阻塞。用地毯、報紙、塑膠墊等東西來隔絕窗戶，將蠟燭放在一個空的杯子裡面放在儀表板上（一個點亮的蠟燭可以提供你意想不到的溫暖），把你自己包裹好坐在前座，不要坐在地上，一般低溫是由車底下傳來的，若要持溫度，記得帶上帽子，如果你的車還有一點動力，每個小時啓動引擎10分鐘來保持電瓶有電和熱能產生。

重要的就是要保持清醒，當你睡覺時體溫會下降，如果車的溫度本來就很低，你可能會睡不醒，讓自己做一點事、寫些東西，例如什麼時候車熄火，什麼時候吃了什麼東西，同時常常更換你的姿勢。

■如何在大熱天中存活

如果你被困在離城市很遠、又熱又乾的地方，最重要的就是要保持涼爽和補充水分。如果附近有大樹或小樹叢，儘量躲到它的樹蔭下，萬一只有你和車跟大馬路呢？坐在車的影子下，如果車是停在柏油路上，把它推到路邊的泥土地或草坪上，會避免柏油吸收熱氣。

也可以從後車廂拿出衣服或毯子來弄個陰影地區，例如打開車門把毯子夾在開著的車門和車子之間來創造像帳篷一樣的遮蔽處。

如果你沒有戴帽子，綁一個衣物在你頭上。你如果的緊急用具組有包括食物和水，這兩樣都要省著點用，千萬不要喝任何引擎蓋下面的水，這些都是有毒的。

如果你決定要走到城鎮去求救，把所有你可以帶的裝備帶在你身上，在你走之前留個紙條在車上，記得不要走危險的捷徑，要走在主要道路上。

Chapter 6
保持車子清潔

清潔你的車

清洗和打蠟

生鏽、刮傷或凹陷

有些車主很注重車子的美觀，但是有些車主卻覺得花那麼多時間和金錢在整理車子是很無聊的一件事，不論你是哪一種人，讓車子耐開和有美麗的內、外在美是很重要的。為什麼呢？照顧好可以讓它壽命長，並且也可以有較高的轉賣價值。座椅乾淨、儀表板光亮、如水晶般明亮的窗戶、亮眼的車身、乾淨的輪胎、沒有刮痕、生鏽或是凹陷，這些都是你自己的投資，而所需的只是幾個小心的步驟和一些小修理，以及幾個星期六早上的時間。當有一天你想要賣車時，你就會從滿滿的荷包中知道這一切的辛苦都不是白費的。

清潔你的車

保持車子的清潔就像是在家做一般的清潔工作一樣，定期的撢掉灰塵、吸塵，如果車內的地板或座椅滴到一些東西要把它擦乾淨，如有必要可用一些去污產品，這些的過程可以歸納為以下六項簡單的步驟：

*1.*撿垃圾
*2.*吸塵
*3.*清潔座位和地板
*4.*使用清潔劑
*5.*清潔塑料面板
*6.*清洗窗戶

這六個步驟看起來很簡單卻已包含了全部工作，每個星期或每個月固定做這些基本的維護可以使你的車即使開過了許多年看起來、聞起來、感覺起來仍像新的。

■撿垃圾

如果你的後座上有空的紙杯、鉛筆、紙、漢堡包裝紙、散了一地的零錢和過去的這幾個月裡你所帶進車裡的東西，你說看起來如何？看起來不錯？請面對現實吧！看起來很可怕！這並不是在說你的生活習慣好不好，重點是要說，如果突然有一個緊急煞車或是有一個意外車禍，車上任何一個物體都可能成為一個可怕的武器。這是很簡單的物理原則。例如，幾年前有一位太太在一個慢速的車禍裡頭部受傷，原因就是一個面紙盒撞了她的頭。

為了安全起見請保持前座、後座、儀表板和後窗台都沒有任何零亂的物品。把所有散落的東西用一個小袋子或是零錢包裝起來放入儀表板的置物櫃内。如果帶小孩旅行，把玩具裝在一個塑膠桶子裡，每次只拿一個或是兩個玩具出來，這玩具應該是沒有尖銳邊緣或是沒有含金屬的成分，同時教導小孩在離開車子時要把垃圾帶下去。

放一個小的紙盒，裡面包塑膠袋來當垃圾筒來使用，一旦有人暈車也可以用來盛嘔吐物。每個星期整理一次你車子，倒垃圾，把紙、衣物、袋子、包裝紙分類，並且把掉落在車内縫繫的東西都挖出來。

■吸塵

每個月至少要做一次吸塵的動作，清潔你的座位和地板來除去異味，把塑膠墊移開吸取底下的紙屑，使用細頭有角度的吸塵器頭來除去座椅附近和安全帶上的所有碎屑和髒污，並且也要記得吸後車廂的灰塵。如果你沒有吸塵器你可以使用洗車廠的投幣式吸塵器，只要用幾個零錢就夠了，一般這種吸塵器的馬力很強。

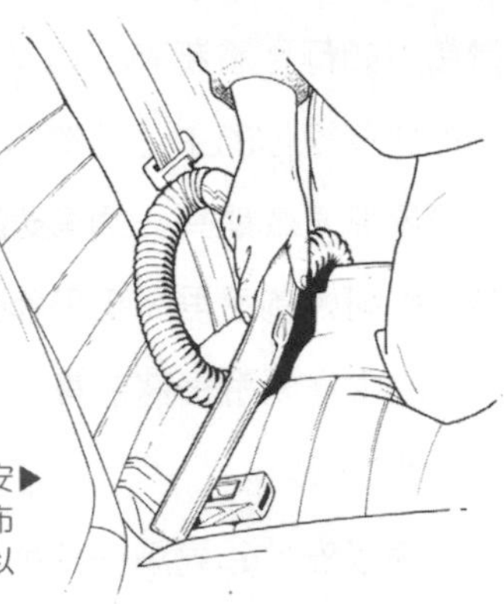

用有角度的吸塵器吸頭來仔細吸取安全帶扣環處的髒物，接著用乾淨的布把每個扣環外擦乾淨，小心保養可以保持扣環的耐用度和功能。▶

車言車語

若你在行車途中弄翻或灑了一些會使車子髒的東西，要盡量用乾淨的抹布把它擦乾淨（對待這污垢就像是對待你客廳的沙發一樣），然後使用清潔劑去污。若沒有清潔劑，可以使用蘇打水清潔，它的效果和清潔劑一樣。要放一瓶小瓶蘇打水在後車廂的工具箱裡。

■清潔座椅和地板

吸完灰塵之後，把座位擦乾淨。大部份的車座椅是布質的，有些高級車和休旅車是使用皮座椅，只要使用市面上一般的清潔用品就可以了，並不需要使用汽車專用的清潔用品來清潔你的車，任何可以運用在布料或是皮料上的清潔用品都可以使用，請依照清潔用品上的使用說明來進行。

檢查看看地毯上有沒有髒污點，不論大小都可以使用市面上的地毯專用清潔用品來清潔。

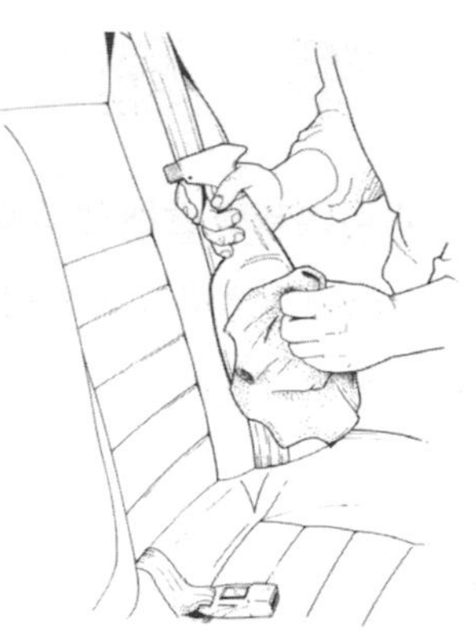

▲在噴去污劑之前，先確定你刷掉任何看得到的污垢，若你噴去污劑在污垢上，污垢可能會永遠除不掉。

■使用髒污隔絕噴霧劑

如果你的座椅是布質的，當你吸塵和去污之後可以噴髒污隔絕噴霧劑，這可讓座椅和地板有一層保護，髒東西比較不容易沾染上去。

■清潔塑料面板

使用一般用的塑料清潔液除去儀表板、方向盤、窗框和其他任何塑料表面的髒污，它可以保護塑料表面讓它們看起來像新的一樣，也可以保護塑料，避免陽光或是龜裂的傷害。

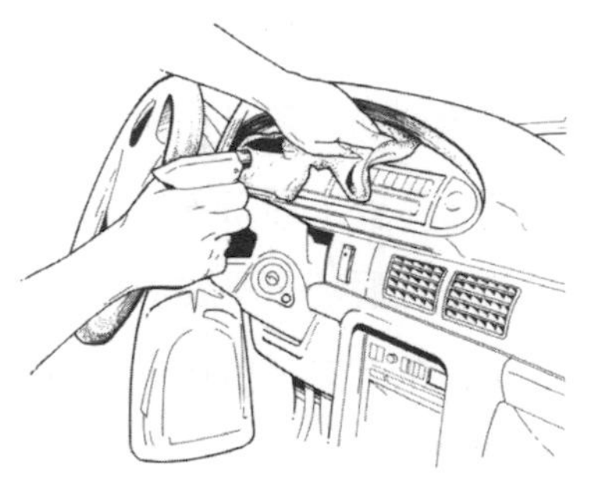

▲為了讓儀表板閃閃亮亮，塑料清潔劑可保護塑料表面，防止高溫和太陽照射而破損，當冷暖氣打開時，也能防止冷暖氣吹進車內的灰塵沾染。

車言車語

避免塑料表面褪色或裂開，記得把車子駛離陽光曝曬之處，若必須停車在大太陽底下，要把窗戶打開一個縫隙，允許空氣可以流通。

■清洗窗戶

經過一段時間車內的窗戶會有一層髒污（如果你有在車內抽菸會更嚴重），這一層髒污會阻礙你的視線，讓你看不清楚馬路、其他車輛和行人。

車窗要刷得像家裡的窗戶一般乾淨，可使用醋和水的調和劑或是一般的玻璃清潔劑，如果你的後車窗有除霧線要小心，不要太用力擦，這些線是裝在上面的，不要損害它，以橫向的方式來擦拭，不可逆向擦拭。

▲清潔車內窗戶以讓你有好的視野，特別是當窗戶充滿霧氣，強光照射在雨刷板上的時候。

清洗和打蠟

先不提美不美觀，要避免車子生鏽，你必須要常保持車外部的乾淨，不要讓泥巴和油污藏在車子的隙縫裡（這些是髒污最容易躲藏的地方），一輛閃亮的車子可以讓你在惡劣的天氣中清楚讓來車看見。

打蠟並無法讓你的車較容易讓人看見，但是它可以減少髒污的沾染，想想哪天你想要賣車時，誰會想要一部生鏽的鐵車。所以常常清洗和打蠟對你的車還是有很大的好處。

清潔是安全的，和其他缺乏保養的車，以及受到天氣任意損害的車比較起來，清潔是絕對值得的。

■肥皂和肥皂水

在你家附近，應該有許多自動洗車和投幣式洗車的地方。但在自己家洗車有許多好處，舉出其中一點，就是你可以不用急，先喝杯冰紅茶，慢慢的清洗，得意地檢視你所洗完的車。只要遵循下列幾項指示，你就可終結你用機器洗車的日子。

- 車身是冷的時候才洗車。
- 不要在陽光下洗車、擦車或打蠟。
- 先洗車輪再洗車身，由上洗下來。
- 使用冷水和洗車用清洗劑，不要用洗碗精或洗衣用的清潔劑。（它們清潔力的太強，會傷害車子的烤漆）

輪胎一般是車子最髒的部份，所以最好先清潔輪胎，先用水注噴灑四個輪胎和車子的底部，包括輪框，把小石子、泥巴、沙子和油污都先沖掉，使用刷子把輪胎和邊框都刷乾淨，這不應該是捨不得用肥皂水的時候。

當你準備要洗車身時，必須遵照清潔劑標籤上面的使用指示，並使用澆花的水管來清洗車子，由上而下清洗，噴頭式的較好用，一般的水管頭會很容易弄髒衣物，並不是清潔車子的好方法。

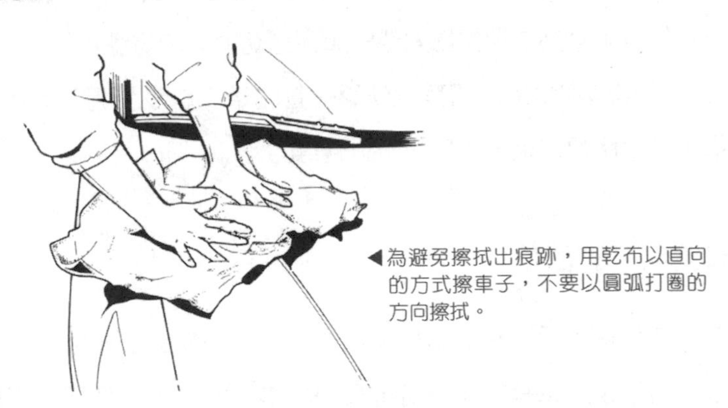

◀為避免擦拭出痕跡，用乾布以直向的方式擦車子，不要以圓弧打圈的方向擦拭。

注意

洗車時，千萬不要打開引擎蓋洗引擎，水接觸到電線會造成短路，而且溼氣會阻礙空氣濾網的暢通，使車子熄火或是無法發動。

■整理輪胎

當你將所有輪胎都擦乾了之後，記得把輪胎的胎壁塗上潤滑油（不是塗在胎紋上）這潤滑油可以幫助你保養輪胎，讓它看起來黑黑亮亮地像剛使用的一樣。你可以在汽車用品店買到輪胎潤滑油，請依照產品指示使用。

▲潤滑劑會阻礙輪胎的抓地力，所以只能用來擦拭胎壁。

■移除黏膩污物

要除去車上黏到的東西常常是很頭痛的一件事，它會花你很多的時間，況且萬一刮傷了車身你也會很心疼，以下有幾個秘訣可以讓你較容易的處理這些污垢。

鳥類的排泄物和樹的汁液

先用幾塊濕布把黏到的區域弄濕，大約過15分鐘再用布把它擦乾淨。（只擦拭那部份就可以，你不會希望把它擴散到別處）可能要擦很多次才能把它弄乾淨。

保險桿上的標籤

把吹風機開到最熱，吹標籤的某一頭，當標籤遇熱，黏住的部份液化，就可以讓你把標籤撕下來，如果有任何黏液殘留，可以沾一點溶劑去除。

印花窗貼

與上述的方法相同使用，吹風機來移除窗戶上的窗貼。

當窗貼移除後可能還有黏著物殘留，可以使用刮鬍刀片刮乾淨，要注意不要把窗戶刮傷，更重要的是，不要割傷了自己。

■洗引擎

一個乾淨的引擎會比骯髒的效率好，首先要做的就是清潔引擎的所有油污。雖然在市面上有賣去油污的產品，但是使用後會覺得很黏膩，如果價錢合理可以考慮帶去給專門清洗的人員處理，你可以看到他們使用特別的技術來清洗、去污。

即使你沒有處理引擎去污的經驗，也有一些部份是你可以自己在家中處理的。每個月使用乾淨的抹布把上、下水箱管、空氣清潔器、雨刷液儲存槽、副水箱，和電瓶上的灰塵和污垢擦乾淨。清潔電瓶放到最後處理，因為你不會希望這些酸屑跑到引擎區的其他部份。

■打蠟

打蠟可以讓你的車避免沾染灰塵（灰塵污垢會容易引起生鏽），特別是在一些角落、裂縫、檔泥板或鋁圈內。打蠟是一件很深奧並且花時間的學問，你可以讓專業的美容中心幫你打蠟，但是事實上自己打蠟並不困難，找一個好天氣的早晨，準備一些基本用具和一點耐心。哇！當完成了的時候一定會覺得很得意。

如果你決定自己打蠟，最麻煩的就是選擇蠟油，汽車用品中心陳列滿滿的各種不同蠟油，如果是新車，車的表面應該會有一層透明的漆，就是說這最外層是沒有顏色的，這個透明漆是用來保護你車子的彩漆，當你找蠟油的時候要找它上面有寫「不會損害透明漆」的那一種。

一般車蠟可以分為兩種，液體和固體的，液體是最容易使用的，把它塗上去後等它乾了，用抹布把它擦掉之後，再用另外一塊抹布擦亮，蠟乾得很快而且很難去除，所以最好是局部上蠟。不要在陽光下打蠟，以免車身留下蠟的痕跡，甚至比未打蠟前更糟。

■磨亮

把的車子打完蠟之後，可以用額外的幾分鐘使用汽車用的鍍鉻物磨亮劑來磨亮車子的金屬部份或鍍鉻物，請依照產品標籤的指示使用。根據不同的車型車號，鍍鉻處各有不同，從大燈框到門把到鋁圈都有可能。鍍鉻物磨亮劑可能會傷害車子的烤漆，所以擦拭時一定要小心並且要讓瓶子遠離車身。

在磨亮之後，塗上鍍鉻物和金屬專用蠟（鍍鉻物磨亮劑和鍍鉻物蠟油都可以在汽車用品店買到）。

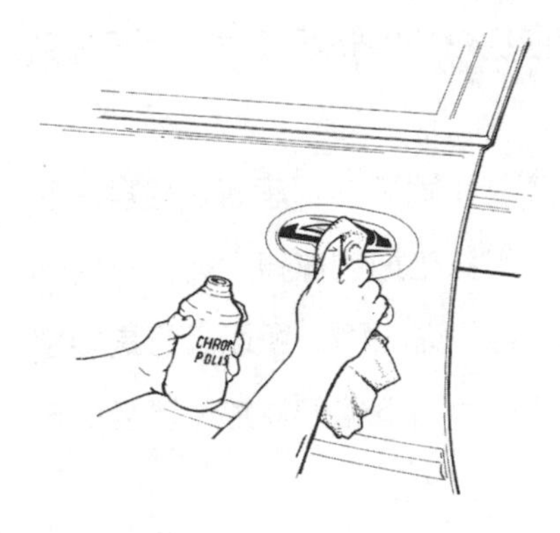

◀擦亮車子上的鍍鉻部位，例如車門把，可以讓車子像看起來洗過、打臘過一樣。

生鏽、刮傷或凹陷

一些刮痕、生鏽斑點或是輕微凹陷，會讓你的車看起來不美觀，不論是自己修理或著是送去汽車美容中心修理，小刮痕或凹陷並不會讓你花很多錢和力氣。汽車美容中心等於是車子的外科醫生，修車技師是處裡車子的機械問題，汽車美容中心則是來處理有關汽車美容的事宜，內容包括小刮痕、凹陷到扭曲的保險桿和撞壞的雨刷。雖然你可以很容易修補自己的車，例如把生鏽斑點除掉，但是除非你有雙受過訓練的眼睛，否則你會以為看起來是小生鏽的部份實際上卻是一個小的鏽洞。當你刷掉鏽屑發現那個洞，還要到汽車用品店去買填料，而填滿鏽洞，抹平並上漆後卻發現漆的顏色跟你車子的顏色並不合，或許是因為漆的顏色買錯了，或許是車子顏色褪色了，誰知道呢？但你現在卻已經花了你的錢和時間在這徒勞無功的事情上，如果讓專業的汽車美容技師處理，他們可以把它處理得很好，不過你將需要先克服你的挫折感。

為什麼不讓汽車美容中心處理呢？何妨跟汽車美容中心的人員尋求意見，估計要花多少的時間與金錢來修補，這一點點的凹陷和刮傷並不會讓你的荷包大失血，你不用自己動手去處裡，而且專業的汽車美容中心還可以讓車子避免受到傷害。

■一家好的汽車美容中心

想找一家聲譽良好的汽車美容中心是需要經過調查和研究的，可以請修車技師幫你推薦。記得要先查清楚，美容中心是否合法，員工看起來是不是很專業和有禮貌？他們是否會給你帳單明細。

當汽車美容中心給你明細時，要仔細的檢查一遍，看看是不是有任何你不明白的地方或是疏漏的項目，有不清楚的一定要詢問。換句話說，就是他們是否有符合你的期待？你也要詢問這個汽車美容中心是不是在原有場地裡做完所有的事情（有些汽車美容中心會將需要修理的部份轉送到別的地方），以及他們是否有提供保固（好的汽車美容中心會提供車子的終身保固）。

當汽車美容中心整理完了你的車，要仔細檢查他們所做的部份，在離開之前，要確定你滿意他們的工作和接受他們所列出的帳單，如果他們所做的並不是你所預期的或是帳單金額太高，請他們解釋給你聽，如果他們的解釋無法讓你滿意，可以請他們的經理出來解釋，不要小看消費者的權益，你的目的並不是要成為難纏的人物，而是要溝通並且得到結論，如果他們做得很好並且估價正確，你要感謝他們，讓經理知道當你的車需要任何的美容時，你會再來光顧，你也會把這家店推薦給更多親朋好友。

車言車語

車子的凹陷處有部份你可以自己修理。在某些情況下，你可以使用真空吸引器（或是吸馬桶的工具）來把小凹陷吸出來，這雖然聽起來滿好笑的，但是卻很有用（弄濕吸馬桶的吸盤，如此才可以黏住車身），可以多試幾次把凹陷處吸出來，也可以用鐵鎚輕輕的把凹陷處敲回。記得用布包好槌子，才不會在修復原有的凹陷處時又製造另一個凹陷。

別再說妳不懂車
男人不教的Know-How

作　　者　布莉琪・卡翠兒（Bridget Kachur）
譯　　者　吳冠昀

發 行 人　林敬彬
主　　編　楊安瑜
編　　輯　蔡穎如
美術編排　翔美堂設計
封面設計　翔美堂設計

出　　版　大都會文化事業有限公司　行政院新聞局北市業字第89號
發　　行　大都會文化事業有限公司
110臺北市信義區基隆路一段432號4樓之9
讀者服務專線：（02）27235216
讀者服務傳真：（02）27235220
電子郵件信箱：metro@ms21.hinet.net
網　　　　址：www.metrobook.com.tw

郵政劃撥　14050529　大都會文化事業有限公司
出版日期　2006年5月初版一刷
定　　價　249元
ISBN　986-7651-70-7
書　　號　Master-013

Metropolitan Culture Enterprise Co., Ltd.
4F-9, Double Hero Bldg., 432, Keelung Rd., Sec. 1,
Taipei 110, Taiwan
Tel:+886-2-2723-5216　Fax:+886-2-2723-5220
E-mail:metro@ms21.hinet.net
Website:www.metrobook.com.tw

First published in the United States under the title
Every Woman's Quick and Easy Car Care by Storey Publishing, LLC.

國家圖書館出版品預行編目資料

別說妳不懂車：男人不教的Know How / 布莉琪.卡翠兒
(Bridget Kachur)著 ; 吳冠昀譯
-- 初版. -- 臺北市 : 大都會文化,2006[民95]
面 ; 公分. -- (Master ; 12)
譯自 : Every Woman's Quick & Easy Car Care: a worry-free guide to car troubles, trials & travels
ISBN 986-7651-70-7 (平裝)
1. 汽車—維護與修理—通俗作品

447.168 95003983

大都會文化 讀者服務卡

書名：別再說妳不懂車——男人不教的Know-how

謝謝您選擇了這本書！期待您的支持與建議，讓我們能有更多聯繫與互動的機會。
日後您將可不定期收到本公司的新書資訊及特惠活動訊息。

A.您在何時購得本書：_____年_____月_____日

B.您在何處購得本書：__________書店，位於__________(市、縣)

C.您從哪裡得知本書的消息：1.□書店 2.□報章雜誌 3.□電台活動 4.□網路資訊
5.□書籤宣傳品等 6.□親友介紹 7.□書評 8.□其他____________

D.您購買本書的動機：（可複選）1.□對主題或內容感興趣 2.□工作需要 3.□生活需要
4.□自我進修 5.□內容為流行熱門話題 6.□其他____________

E.您最喜歡本書的（可複選）：1.□內容題材 2.□字體大小 3.□翻譯文筆 4.□ 封面
5.□編排方式 6.□其他

F.您認為本書的封面：1.□非常出色 2.□普通 3.□毫不起眼 4.□其他__________

G.您認為本書的編排：1.□非常出色 2.□普通 3.□毫不起眼 4.□其他__________

H.您通常以哪些方式購書：(可複選)1.□逛書店 2.□書展 3.□劃撥郵購 4.□團體訂購
5.□網路購書 6.□其他__________

I.您希望我們出版哪類書籍：（可複選）
1.□旅遊 2.□流行文化 3.□生活休閒 4.□美容保養 5.□散文小品
6.□科學新知 7.□藝術音樂 8.□致富理財 9.□工商企管 10.□科幻推理
11.□史哲類 12.□勵志傳記 13.□電影小說 14.□語言學習（ 語）
15.□幽默諧趣 16.□其他____________

J.您對本書(系)的建議：____________________

____

K.您對本出版社的建議：____________________

____

讀者小檔案

姓名：__________ 性別：□男 □女 生日：_____年_____月_____日

年齡：□20歲以下□21～30歲□31～40歲□41～50歲□51歲以上

職業：1.□學生 2.□軍公教 3.□大眾傳播 4.□ 服務業 5.□金融業 6.□製造業
7.□資訊業 8.□自由業 9.□家管 10.□退休 11.□其他__________

學歷：□ 國小或以下 □ 國中 □ 高中／高職 □ 大學／大專 □ 研究所以上

通訊地址____________________

電話：（H）__________（O）__________傳真：__________

行動電話：__________ E-Mail：__________

❖謝謝您購買本書，也歡迎您加入我們的會員，請上大都會網站www.metrobook.com.tw登錄您的資料。您將不定期收到最新圖書優惠資訊和電子報。

大都會文化
METROPOLITAN CULTURE

別再說妳不懂車
男人不教的Know-How

北區郵政管理局
登記證北台字第9125號
免貼郵票

大都會文化事業有限公司
讀者服務部收

110 台北市基隆路一段432號4樓之9

寄回這張服務卡(免貼郵票)
您可以：
◎不定期收到最新出版訊息
◎參加各項回饋優惠活動

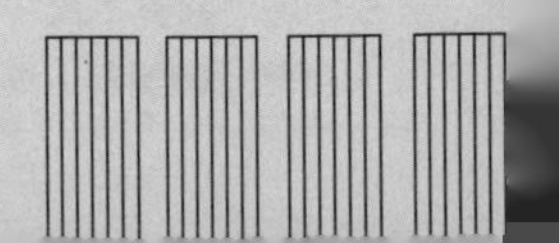

大都會文化
METROPOLITAN CULTURE

大都會文化
METROPOLITAN CULTURE